Science Pearls   Youth Edition

国际科普大师丛书(青春版) ● 博物篇

那些活了
很久很久的树

探寻平凡之树的
非凡生命

THE LONG,
LONG LIFE OF
TREES

北方联合出版传媒(集团)股份有限公司

辽宁科学技术出版社

[英] 菲奥娜·斯塔福德

(Fiona Stafford) /著

王晨、王位婷 /译

著作权合同登记号：图字 01-2019-2270 号

图书在版编目（CIP）数据

那些活了很久很久的树 / (英) 菲奥娜·斯塔福德著；
王晨译. -- 沈阳：辽宁科学技术出版社, 2025. 1.
(国际科普大师丛书：青春版). -- ISBN 978-7-5591
-3966-5

Ⅰ. S718.4-49
中国国家版本馆CIP数据核字第2024BS3071号

出 版 者：辽宁科学技术出版社
　　　　　（地址：沈阳市和平区十一纬路25号　邮编：110003）

印 刷 者：大厂回族自治县德诚印务有限公司

发 行 者：未读（天津）文化传媒有限公司

幅面尺寸：889mm×1194mm，32开

印　　张：8.25

字　　数：180千字

出版时间：2025年1月第1版

印刷时间：2025年1月第1次印刷

选题策划：联合天际

责任编辑：张歌燕　王丽颖　马　航　于天文

特约编辑：张安然　王羽鬻

美术编辑：冉　冉

封面设计：typo_d

责任校对：王玉宝

书　　号：ISBN 978-7-5591-3966-5

定　　价：36.00元

关注未读好书

客服咨询

目录

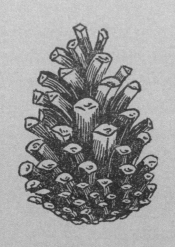

序言 芽、树皮和金树枝

　　我的桌子上有一个松果，大小相当于一只麻雀。对我的手掌来说，它太胖了，我无法用一只手将它完全包裹，但是我喜欢在温热的手掌中感觉它粗糙的木质鳞片。浸泡在水中时，每一枚边缘光滑的鳞片都会像龟甲一样紧闭；散尽水分时，这个锥形球果就会静静地舒展，变成粗糙、干燥的松球。随着缝隙变宽，这些坚硬的巧克力棕色鳞片开始展示出焦糖色 V 字纹，这说明它们变得更加紧缩了。这个松果是我三年前在克罗地亚度假时捡的，当我拿起它的时候，每一枚木质鳞片都似乎打开了一小段被记忆尘封的时光 —— 在闷热的油橄榄园中徒步穿行，俯瞰繁忙港口的一座圆形剧场，从岩石下逃走的一只黑色章鱼在宁静的小海湾里引起的一阵骚动，点缀着鲜艳遮阳伞和深绿色意大利石松的海边。

　　松果旁边是一根小树枝，上面还牢牢地挂着一些已经干枯的橡树叶。大约有四十片，每一片的长度、颜色和卷曲程度都不同。它们的背面很像浅褐色的纸，分布着隆起的叶脉和零星的斑点，但正面的颜色更深，完好地保持着抛光皮革的光泽。它们波浪状的不对称轮廓无章可循，看上去有点无政府主义的味道。这种轮廓让我想起做早餐时的最后一张薄饼，那时所剩不多的面糊已经不够在平底锅里煎出一张规则的圆形煎饼了。这些薄薄的干脆叶片收藏着秋天的气味，如果快速摇动一下，就会发出像是被风吹拂时的沙沙声。这根树枝来自一棵成年橡树，它与我的房子相距几英里。当那块土地变更所有权，新的主人开始清理老旧的树篱并向池塘注水时，我把这根树枝带回了家。一些橡子被我播种在花盆里，另一些被直接

1

种在花园的角落，看看它们会不会发芽。到目前为止，那棵大橡树还没有被铲除，而它的一些橡子已经长成了小小的橡树苗，萌发出了四五枚小树叶。

还有其他等待种下的东西。朋友家一棵黑胡桃树的果实正一颗挨一颗晾在那里，仿佛是正在晒太阳的蟾蜍，有的已经又干又光滑了，有的颜色特别深，稍微有点发黏。轻轻拍打时，它们都会发出各不相同的空洞声响。我不知道它们之中会不会有一颗能长成大树。它们的气味比那些橡树叶刺鼻多了，更强烈地提醒我去外面播种。还有一颗七叶树的果实，是某一年的 9 月在庄严的查茨沃思庄园里捡到的。早在几年前我就应该种下，但是现在它已经变硬了，失去了所有光泽。于是，我把它与其他"偷"来的纪念品，以及待播种的果实放在一起。它在一片桦树皮旁边，桦树皮半卷半开，像一个小小的牛皮纸卷轴，又像一张未填满烟丝的卷烟纸。串珠项链、竹制书柜、橡木地板、油橄榄木果盘，还有松木箱子、雪松木铅笔、山毛榉木面包箱和曲木椅子，整个房子里到处都是曾经有生命的东西。不知为何，那些来自树木的"小赃物"却是我亲眼所见，更能迅速地让我感到与自然的联系。

这根橡树枝是我的金树枝，它是从一个世界直接通往另一个世界的安全通道。它将我传送到某个特定的日子和某一棵特定的橡树旁，然后再传送到其他橡树所在之处。在这些橡树中，有的是我认识的，有的是通过别人的讲述，或是通过诗歌、故事、摄影和绘画间接知道的。有时，这根橡树枝能带我走一个大环线，从与树相关的英雄人物和当地历史、魔法故事和物种演化、赞颂和抗议的不同态度、种植和砍伐的寓言，穿过如森林般稠密的木雕、桅杆、乐器和家具，直到我返回最初的起点，也就是我的房间，身旁依然环绕着熟悉的事物。然后，这一切变得不一样了：一张桌子不再只是一张桌子。和每一种树一样，橡树具有多重意义，永远在起伏、开放、生长、凋零、交错。这根金树枝还带我想象未来，种种可能性在脑海中涌现，丰富得就像每根干枯小枝末端发育停滞的芽。最重要的是，即使是在最寒冷、最潮湿的日子里，它也会驱使我走出家门，呼吸附近树木散发的新鲜气息，并认真地打量、观察它们。

好吧，也许不包括最潮湿的日子。我们当地的黏土在 8 月坚硬而龟裂，冬天却积水严重，几乎让人无法到野外去，而靴子里灌进冰凉泥巴的感觉也会影响你对自然之美的欣赏。然而只有在下雨之后，树才会变成半透明的，每一处都挂着晶莹剔透的小珠子。1 月的清晨可能最适合看树，此时所有的树叶都被剥光，因此能够最清晰地看到对称优美的桤木或者如同一条纤细瀑布的白桦。在这个时候，也更容易看到平日里隐藏起来的东西，比如前一年已用枝条搭好的鸟巢遮盖了树顶的轮廓，而奶油色的真菌像一把阴森森的遮阳伞出现在没有荨麻遮掩的树干底部。即使是在天色半明半暗、几乎看不清任何东西的时候，白蜡树也挥舞着黑色的芽，仿佛在向上指着更高处的天光。

在春天，你可以感受到生命在光秃秃的小枝上律动，而现出轮廓的柳絮看上去就像一只小鸭子从空中跑过。前一天，这些小枝还只是变粗变亮，开始膨胀，第二天就长满了成对的叶片以及浅浅的灰白色或淡粉色花朵。这场春天大爆发一点也不拖泥带水。当白天变得更长，到处都是树叶的新鲜的气味，鸟儿圆润的叫声隐藏在越来越浓密的枝叶中。树皮之前就经历过这一切，但是老柳树爬满皱纹的脸和樱树卷曲剥落的皮肤在明亮的光线下似乎显得没那么痛苦了。到 11 月初，当一切都变得潮湿和黑暗时，树林的味道就不一样了，而这种味道与风中颤动的黄色秋叶并不太相称。

在室内停留太长时间的话，我总是感到窒息。树木的冲动，是向外冲进新鲜的空气里。每棵树都是一团迸发的能量，看上去似乎不相容，却都能形成出乎意料的大和谐。每一种树都有自己的性格和时间表，会在适当的时候融入绿色或金色的波浪。"先橡树后白蜡，只是小雨哗啦啦；先白蜡后橡树，大雨下得止不住。"这首古老的民谣无论是谁编出来的，其主要目的都在于让人保持乐观，而不是预测天气，因为白蜡几乎从不在橡树之前展叶。

除了颜色随季节变化令人着迷，同一棵树在连续几天之内，甚至在一天的不同时段里，也会呈现出相当大的差异。当塞缪尔·泰勒·柯勒律治（Samuel Taylor Coleridge）的朋友们前往乡间散步，而他因为煮牛奶不慎弄伤自己而不得不留在家中时，坐在椴树下的花园椅上对他来说就像是蹲监狱，直到他开始想象自己的朋友们在欣赏些什么。怀着这样的想象，他自己的椴树棚也变成了一大片"宽阔舒展、洒满阳光"的叶子，斑驳闪烁，翩然欲飞。

树的变化当然不仅与观看者的情绪有关。克劳德·莫奈将三块画布依次排开，跟随光线的变化从其中一块走到另一块，想要真实地捕捉自然的色彩。他的《杨树》系列绘画展示了沿着埃普特河蜿蜒排列的一行杨树，分别描绘了它们在明亮阳光下、猛烈狂风中、惨淡阴天里的样子。这些树的魔力不会随着岁月的流逝而消减，不会因为习俗的悠久而黯淡，正如圣维克多山上的那些松树，保罗·塞尚将它们画了一遍又一遍，也不曾厌倦那熟悉但古怪的轮廓。

所有品种的树都能揭示令人意想不到的内在联系。雨中柏树的气味，或者某个温暖春日的烂漫花朵，都能让我们的心随风飘荡，回到那些走在潮湿的人行道上，或是站在某棵快被遗忘的老梨树下的时刻；回到个人历史中虽然没有被摄影机拍下，但又留下难以磨灭的趣闻逸事的印记中。任何一棵底部分枝健壮并向四周铺开、树干表面皱缩的欧洲七叶树，都能让我想起儿时常爬的那一棵，那时我会坐在它的分枝上，就像骑着一匹慢跑的马或是乘坐一艘划过波浪的船。那时候我们经常搬家，所以我不知道那棵树现在是不是还矗立着，但是就像此前和此后的许多其他树一样，它将自己播种在我的思绪中并留在那里，一旦被触动就萌发出想象的树叶。

不过，我很少为了重温旧时光而寻找树。我喜欢它们本来的样子。尤其是最普通的树，它们拥有强大的吸引力，无论如何都要生长，因为它们必须生长。生长，就是树所做的事。

尽管对树冠下来往人流的情绪漠不关心，这却有助于巩固某些树在人类社会中获得的特殊地位。在某些文化中，它们同时标记着起点和中心。据说，生命之树和智慧树都矗立在伊甸园的正中央。而在毛利文化中，作为天空和大地的儿子，森林之神是一棵拥有两千年寿命的巨大贝壳杉，至今仍在怀波阿森林中高耸入云。在维京神话中，整个宇宙被理解为一棵巨大的白蜡树，人们称其为“世界之树”，它的树枝是“众神之家”，它数量繁多的根向外伸展至“巨人之国”，向下延伸至“死之国”。古代欧洲的德鲁伊祭司采集槲寄生用于神圣的仪式，举办地点是在一大片橡树林构成的天然神庙中。在希腊，信仰宙斯的祭司们会在多多纳的神殿解读橡树或山毛榉叶子发出的沙沙响声，从中获取神谕。如今依然在圣诞市场上出售的槲寄生枝条和挂在观赏灌木上的风铃，很可能源自我们遥远祖先的神圣树林。

释迦牟尼是在菩提树下打坐时开悟的，从此以后，他的追随者就一直在佛教寺院里种植同一种榕树——菩提榕。我曾经在尼泊尔得到过一枚心形叶片，它来自一棵粗壮的菩提榕。这棵树长在一面陡峭的山坡上，虽然安纳布尔纳峰让它显得很矮，但它的气势一点也没有被削弱。我希望它在那场地震中幸存下来。神圣的树总是更容易恢复活力，因为关爱它们的人会伸出援手。

耶稣骑着驴子从橄榄山出发，走在一条栽有棕榈树的路上，结果在一座花园里被逮捕，然后在木质十字架上受刑而死。他的寓言里充满了鲜明的无花果树、芥菜籽和葡萄园形象。受到《新约》的启发，欧洲的工匠在教堂的屏风和凸出托板上雕刻出精细的树叶，而这些带有中殿的教堂结构也是在效仿成年大树光滑的树干和高耸的分枝。当安东尼·高迪在设计位于巴塞罗那高耸的、现代的天主教堂神圣家族大教堂时，他的灵感来自《圣经》、欧洲建筑传统，以及加泰罗尼亚地区茂盛的植被。树似乎说着一种普世的语言，但它们根植于当地，那里有它们自己的土壤、气候和与之有联系的物种。我第一次真正感受到这一点，是通过一个小小的绿色镇纸。它是我的大姐从地球另一端带回家的，在我眼中像是某种海螺。几年后我去看望她，才发现这个镇纸的形状仿自尚未展开的银蕨叶片，这种植物在新西兰是新生的象征。

从印度的榕树到非洲的猴面包树，从《圣经》中的"生命之树"到查尔斯·达尔文用来描绘物种关系的"进化树"，树提供了极为多样的联系、生存和理解的模式。与表示单向运动的流程图不同，一棵树提供了多种可能性，包括向上、向下、向前、向后，呈现层次以及狂欢化意味。家族树（家谱）是一种天然隐喻，体现出通过世代繁殖产生的血缘关系，每个家庭成员可以在其中找到被描绘成分枝、叶片或根系的自己。比较古老的谱系图常常将连续继位的国王或酋长沿着一棵橡树的粗壮树干垂直排列，周围环绕着的枝叶代表他们的妻子、女儿和更年轻的儿子。现在，这根"树干"更有可能是那些不辞劳苦挖掘家族历史的人，让这棵树随着每一次新发现（出生证明或结婚证）而开枝散叶。我舅舅的庞大家族记录追溯到了两个世纪之前的分枝，但是由于它们全都是我母亲那边的，这棵树看上去严重失衡，除非有人开始挖掘父系祖先的分枝。

家族和国家就像健康、匀称的树一样生长，或者说我们乐于如此想象。当树木茂盛地生长，我们也兴旺地发展，于是这些土生土长的自然现象就成了受到广泛认同的集体象征。成年大树常常被视为逆境之下长寿延绵的象征，但它们也非常适应人类的新需求。新的联系可以嫁接过来，并逐渐成为主要意义，之前的意义则彻底被抛弃。随着奥斯曼帝国的衰落，黎巴嫩得以再次选择自己的国旗，最终采用了一种常绿雪松的图案与白色背景搭配。即使在后来的法国委任统治时期，这棵树依然在当时的黎巴嫩三色旗上占据着中心位置，并在黎巴嫩成为独立国家之后继续代表这个现代共和国，他们还在上下各添加了一条水平方向的红色横纹。当加拿大获得独立时，人们普遍认为应该减少大英帝国留下的文化遗产。国旗需要新的图案，但表达独立的冲动和对长期稳定的渴望交织在一起。树既有鲜明的本土化特征，又永远都会新生，因此非常契合人民的诉求。于是，在经过激烈的争论之后，乔治·斯坦利引人注目的红白设计被正式定为新国旗，枫叶就此成为加拿大的官方象征。

这些国家标志通常取自独特的物种。国旗上的那种雪松是黎巴嫩最著名的本土树种，以其雄伟的树形而闻名于世，更不用说它在《旧约》中的华丽出场了。在这个经历了漫长战争和被侵略历史的小国，对于黎巴嫩人而言，它不仅代表着和平和永恒，还象征着长久的希望。在加拿大广袤的土地上，至少生长着 10 种本土枫树。除了国旗，人们还能在树林中认出他们的国树。并非所有种类的枫树都会在秋天变得如此鲜艳，但糖枫和红枫都能将草木繁盛的山坡染成绚烂的云彩，如同最华丽的日落。

早在民族性这一现代概念诞生之前，英国人就开始用本地植物命名自己的家园了。在诺福克郡，北埃尔门（North Elmham）和南埃尔门（South Elmham）曾是两个生长着榆树（elm tree）的村庄，而萨尔（Salle）曾是柳树（古英语中表示"柳树"的单词是 *salh*）生长的地方。同样以喜水的柳树（willow）作为地名来源的，还包括林肯郡威洛比（Willoughby）、贝德福德郡威尔登（Wilden）、什罗普郡威利（Willey）、约克郡威利托夫特（Willitoft），以及相比之下很不明显的德文郡南齐尔（South Zeal；同样源于 *salh* 这个单词）。在充沛的降雨量保证了植被高度多样化的湖区，我们可以找到尤代尔［Yewdale；红豆杉（yew）］、伯克斯桥［Birks Bridge；桦树（birk）］、德文特（Derwent；来自布立吞语单词 derventio，意为"橡树茂密的谷地"）和爱坡丝威特［Applethwaite；苹果（apple）］。德比郡黑泽尔伍德［Hazelwood；榛树（hazel）］、朗达地区芒廷阿什［Mountain Ash；欧洲花楸（mountain ash）］，以及大伦敦地区的波普勒区［Poplar；杨树（poplar）］，都不难猜出地名出处。不过，埃奇科特和博克斯提德与橡树和山毛榉之间的联系就没那么容易看出来了。

很久之前，这些地方的很多树就被砍倒了，为建造房屋腾出空间，但是对已消失的地貌景观记忆往往会保留下来。在距离我家不远的一个现代新区，你可以从欧山楂路拐到假挪威槭新月街，然后一直走到鹅耳枥死胡同的尽头，在这些极为相似的街道上找路，似乎与林中散步并没有多大区别。我觉得这些街道的名字和树木的自然形态有关，选择新月街这个名字应该是受到了假挪威槭种子两侧对称的翅的启发，而死胡同的名字源自成年鹅耳枥的气球形状。在这片新区，这些路名可能来自一种内心深处与土壤接触的需要，就像希腊神话中的大力士安泰一样。

人们总是聚集在树木周围，那些与众不同的树特别受欢迎，比如更高的、更粗的、更老的，或者是畸形的。它们都是明显的自然地标，很容易辨认，而且对任何地方的古老语法都至关重要。乡村的日历曾以树木作为重要标记：老榆树是大家跳五月舞的地方；"福音橡树"是人们在一年一度的敲打教区边界的仪式中停下来祈祷的地方；"剪羊毛树"通常是某种成年阔叶树，如榆树、橡树、栗树或假挪威槭，在初夏为做剪羊毛这种重活儿的人提供足够的阴凉。树是社区不可分割的一部分，每个人都熟悉它们，有时它们几乎就像是家庭成员。

至今，树木依然重要。肯特郡板球场以其特殊的规则闻名，而

●卡迪茨的古椴树，1837 年

造就这一规则的就是板球场上的一道独特风景——圣劳伦斯椴树。直到最近，击球手还必须让球从这棵椴树的上方飞出，而不只是从边线上飞出。当这棵老树在 1999 年染病时，人们栽培了一棵树苗，准备用来代替它，结果仅仅 5 年后这棵大树就在强风中裂开了。于是，年轻的替代品只能种在边线之外的地方，以免在顶级赛中被球打断。高高的椴树披着耀眼夺目的叶片和小小的旭日形花朵，魅力经久不散。在斯洛文尼亚，巨大的椴树 Navejnik 是传说中撤退的土耳其侵略者留下金勺子的地方，这里至今仍然是重大活动的举办场所，包括一年一度的政治集会。德累斯顿附近的卡迪茨也有一棵古老的椴树，早在歌德见到它的时候就已经很庞大了，它历经火灾和轰炸，成了当地人欢唱圣诞颂歌、举办民俗节日的聚会场所，并在 2010 年变成了世界杯的一个户外放映场地。

按照传统惯例，意义非凡的树总是点缀着人文景观，就像当地导游喜欢吹嘘的那样："这棵橡树，就是威廉·华莱士集合自己手下的地方……罗宾汉以智取胜诺丁汉郡长的地方……大盗迪克借走并在后来（有点不太可能）归还一袋黄金的地方……"或者继续往前走，那边是"恺撒树"，一棵庞大的比利时红豆杉，据说尤利乌斯·恺撒征服欧洲时曾在此短暂休息。还有"孤松"的醒目轮廓，标志着加利波利遭受的战火摧残。而充满胜利喜悦的"弗里敦木棉树"，是塞拉利昂第一批被解放的奴隶举办感恩活动的地方。

有些树的名气不是因为见证了某件事，而是因为它们是被某些人种下的。白宫南草坪有一棵安德鲁·杰克逊总统亲手种植的木兰，而在马萨诸塞州还有一棵历史更悠久的梨树，是该州第一任总督约翰·恩迪科特种下的。苏格兰边界线上的许多成年大树都是沃尔特·斯科特当年种植的，这位笔耕不辍的作家挥舞起铁锹也同样卖力。这些当地景致常常揭示出某个传奇人物不为人知的一面，例如克莱尔郡的那棵橡树，很显然是爱尔兰高王和武士首领布赖恩·博鲁种下的。种树往往是一种基本行动，也是对未来繁荣的一种公开承诺。

即使是那些消失已久的树，也可以存活在记忆里。在俄亥俄州的洛根榆树下，洛根酋长为自己被屠杀的部落发出震撼人心的哀悼，当这棵老树感染了荷兰榆树病并在 20 世纪 60 年代毁于风暴后，人们在原址安放了一块纪念它的石头。彭里斯附近曾经有一棵"鹿角树"，树干上钉着两个头骨和一对鹿角，这棵树以这种方式在几百年里鲜活地保留了一段记忆：一头公鹿被一只猎狗紧追不舍，先是穿过边界进入苏格兰，然后又返回到英格兰境内，直到它们筋疲力尽，双双毙命于文费尔森林。华兹华斯对那些应该为此负责的人并不在意，"高悬的战利品，展示着冷酷无情的骄傲"，他这样写道。但一棵老树能够将当地记忆延续得如此漫长，仍然令他感动。

古老、中空的大树很容易和那些勇士联系起来。在这些故事里，主人公情急之下躲进了树里，然后随着岁月的流逝，中空的树变成了神圣的树，或者闹鬼的树。无头骑士和幽灵总是在最幽暗的森林中穿行，与之相伴的还有各种各样的鬼魂，包括被强奸的少女、被谋杀的新娘和失踪的儿童。德国的莽莽森林遍布古老的橡树和常绿树，就像孕育冷杉球果和云杉针叶一样催生了无数的传说故事，启发格林兄弟将这些民间故事搜集起来，吓唬全世界的儿童。即使是在更明亮的地方，也会滋生鬼故事。榛树、稠李和白蜡树混生于诺福克郡的韦兰林地，为风铃草带来了充足的阳光，使它们在春天泛滥成海，但这里仍然留存着"森林里孩子们"的可怖回忆，让人想起他们悲惨的命运。曼哈顿如今存活最久的树，是位于华盛顿广场的"刽子手榆树"，生长在离19世纪刑场很近的地方。在珀斯郡克里夫，有一棵树是绞刑架，用来绞死那些在牲畜市场上臭名昭著的恶人，并将其尸体示众。

树还意味着创伤。有人使用电锯受伤，有人被掉下来的大树枝砸伤，有人被森林火灾毁掉生活，有人驾车撞树引发交通事故。人们常常在致命事故发生地的附近种植一棵树苗，以作纪念，比如十字路口旁的一棵年轻柳树、建筑工地附近的一棵鹅耳枥。树木生长，不是为了代替生命戛然而止的人，而是为了延续记忆，创造一个宁静的沉思空间，为生者提供一些慰藉。这些有生命的纪念碑安静而低调，也代表着人们对未来充满希望。

"一战"和"二战"期间，士兵们经常抽空将阵亡战友的名字刻在树皮上。相较于石头，随身携带的小折刀更容易在山毛榉的灰色树干上刻字，文字和日期会随着树的生长而变大，刻痕也会在岁月的流逝中变得柔软起来。钱特尔·萨默菲尔德最近在索尔兹伯里平原上发现的战时"树雕"表明，士兵们常常思念自己不在身边的妻子或女朋友，带着回忆和欲望，她们的姓名首字母和特点被深深刻进光滑的树干里。

《皆大欢喜》中遭到挫败的主人公奥兰多带给莎士比亚很大的乐趣，莎士比亚安排他将女主角罗瑟琳的名字刻在阿尔丁森林的每一棵树上，以此发泄自己的怨气。和奥兰多不同，诗人安德鲁·马维尔（Andrew Marvell）宣称自己更喜欢这些树：

> 温柔的爱人，残忍得像火苗一样，
>
> 将他们情妇的名字刻在这些树上：
>
> 哎呀，他们可不知道，
>
> 这些美人比他们的情妇美上许多！
>
> 漂亮的树啊，我多希望你的树皮上，
>
> 除了你自己的，不再有别的名字！

虽然没有谈到偏爱这种树的原因，但马维尔很快就把希腊诸神当成了激励人心的模范："阿波罗如此追求达芙妮，是因为她会因此变成月桂。"20世纪，士兵在执行任务前会将一张美女海报刻在树皮上，他们那时的内心活动很可能与这位诗人相去甚远。不过，这种纪念性的做法倒是与许多古代传说相呼应。在这些传说中，猛烈的求爱常常导致某个年轻女子不幸变成一棵树。

在18世纪，人们甚至开始雇用画家为树木画像。当比特伯爵三世从世俗生活中隐退，专心修缮自己位于卢顿公园的庄园时，他邀请保尔·桑比前来描摹自己最美的树木。桑比为卢顿公园中一棵截顶老白蜡树绘制的肖像十分引人注目，也是最早的树木专属画像之一。在这幅画中，树木不是背景，不构成取景框的一部分，也不是人物的配饰，而是处于画面中央。在一根很短的主干上，又长出一大片光滑的树干，这奇怪的形状吸引了人们全部的注意力。

平茬和截顶等传统的森林管理技术通过砍断树干来促进大量枝条的重新生长，还能提供木杆、木桩和牲畜饲料。这样做也能延长树木的寿命，比如埃平森林中一些生机勃勃的截顶树已经活了数百年之久。当截顶后的树木继续生长，从主干顶端萌发出的多重树干就会日益丰满，成为一道独特的美景，不但被艺术家和作家喜爱，也受到建筑商、造船商和家具制造商的青睐。

壮观的树是每个人都能看到的自然奇景，无论收入或教育水平如何。有洞察力的人还能在刹那间从中瞥见神性，威廉·布莱克（William Blake）早年在碧琴赖那段改变一生的经历中就有所发现，而斯坦利·斯宾塞（Stanley Spencer）则在库克姆自家附近的田野里一次次地证实了这一点。2009 年，大卫·霍克尼（David Hockney）在《贝西比街上布里德灵顿学校与莫里森超市之间的二十五棵大树》一书中绝妙地捕捉了平凡之树的非凡之处，其中收录了每棵树的大量照片，简直是一场盛大的展览，令人想起沿着一条林荫道散步时的体验。它有力地肯定了树木在现代生活中转化性的存在。任何人都可以沿着贝西比街走，很多人每天都要走这条路。即使是最孤独的行人，在这条街上迈出的每一步也有华丽的风景相伴，在不同的季节，树木会披上绿色、金色或灰色的盛装。在任何一座城镇，永恒的自然循环温柔地体现在种植着行道树的路上，这是每个人都享有的景色，尽管不是每个人都注意得到。

往往在当地树木濒临消失时，人们才开始意识到它们的珍贵。爱德华·托马斯在看见樵夫砍倒当地最后一棵小柳树时深受触动，并写了一首名为《初识已逝》的诗，诗中有这样两句："等我注意到它，它已消逝不见。"由伐木场景引发的失落感在英国文化中不断出现，延续了数百年之久。将绿地置于险境的建筑新项目常常会引发强烈抗议，无论威胁是来自新的公路、高铁、超市，还是植物病原体，人们普遍认为必须保护环境，捍卫古老权利，为后代拯救树木。2012 年，一项处理英国境内众多森林的法律草案遭到强烈的反对，这表明了民众普遍地、长久地喜爱着树木。也许当地人不再采集木头作燃料，但他们仍然像以往一样渴望生活在一片生长着树木的土地上。森林、林地、单棵的树木都能触发强烈的感情，这种感情可能安静地沉睡，也可能迅速而彻底地觉醒。

1996 年，托马斯·帕克纳姆（Thomas Pakenham）的《遇见非凡树木》首次出版，之后多次重印，这本书的畅销表明大众对树木依然热爱。在 2002 年伊丽莎白女王即位五十周年庆典中，其中一项活动是选出 50 棵"大英之树"，如今它们都配备了一块绿色纪念牌，以此彰显身份。在英国政府"时光守护者"政策的支持下，旨在记录不列颠群岛上每一棵重要树木的"古树追寻"活动吸引了众多侦察员。虽然通过虚拟屏幕更容易观赏大自然，但人们似乎越来越想亲眼看到、亲手触摸这些树木并呼吸它们散发的气味。

虽然木材和林地已经从人造的、大规模生产的现代化城市经济中隐退，但树木仍然是人类生活不可或缺的。城市不再需要鹅耳枥木柴加热炉子，不再用橡木搭建房屋的框架，也不再用柳木做马车，但是每个人都需要氧气才能生存。树吸收二氧化碳，排出氧气，和人类的呼吸系统完美契合，因此每一棵树都是真正的生命之树。热带雨林的工业化伐木令人担忧树木骤减，而森林消失的前景也在逐渐逼近，这让各国开始联手以及时补救。随着人们越来越关注全球变暖的后果，现代社会正在又一次转向发展可持续资源。对人类而言，除了树木这个老伙计之外，难道还有更好的资源吗？

这本书是一场个人探险，探寻的是树木的意义。写作灵感直接来自我有幸亲眼见到的那些树，但一切的根源在于与树木更早的、无意识的邂逅。当我还是一个孩子，在秋天"帮"祖父生起冒着烟的巨大篝火时，我没有停下来想一想这些湿乎乎的棕色叶片是从哪些树上落下来的；当我们带着狗在林中散步时，我也没有费心去想这是一片什么林子。我不知道母亲送我的那个吊坠是用什么木头做成的，我只是喜欢用手指抚摸它光滑的表面。然而，这些经历仍然像叶霉病一样感染着我的心灵，悄无声息地埋下日后萌发的种子。

个人经历常常因为意外的发生而格外有趣。在帮助祖父生篝火时，我最鲜活的记忆是我家的牛头杂交犬发现了一窝刺猬，并把它们郑重其事地放在了草坪上，就发生在点燃火柴的几分钟之前。作为一个孩子，我不知道刺猬和狗有没有受到更多伤害，还好那一次都安然无恙。不过在之后的许多年里，我对枯枝落叶堆十分警惕。身为生态农业项目的一名青少年志愿者，我最早的一次（也是许多年里的唯一一次）植树经历在脑海中留下了"湿淋淋"的印象，不是因为很可能将树苗淹死的稀泥和水洼，而是因为在回家的路上不得不在一处浅滩弃车而逃——冬天的洪水都从车门里灌进来了。

　　这就是图书的有用之处，故事和诗歌将他人的经验具体化，从而有助于克制、纠正、强化你自己的经历。诗人、散文家和画家的艺术升华让我以更新颖、更清晰的视角看待事物，因此，我的成长既来自树木的叶子，也来自书本的书页。我不会在这里罗列对我最有帮助、我最喜爱的作家，但的确有很多人帮我定义了出现在每一章的不同树木。

　　树木的意义点缀着传说和历史，随着岁月的累积而逐渐厚重，但心材一直都坚硬而真实。许多现代森林学家倾力帮助我了解树木的基本知识，包括奥利弗·拉克姆（Oliver Rackham）、理查德·梅比（Richard Mabey）、罗杰·迪金（Roger Deakin）、R. H. 里琴斯（R. H. Richens）和加布里埃尔·埃梅里（Gabriel Hemery），当然还包括早期权威约翰·伊夫林（John Evelyn）、威廉·吉尔平（William Gilpin）、约翰·劳登（John Loudon）和沃尔特·杰克逊·比恩（Walter Jackson Bean）。本书来自我为第3广播频道《散文》栏目撰写并朗诵的三季节目《树木的意义》。在此特别感谢博纳广播的图兰·阿里和埃姆·霍雷尔，感谢第3广播频道的编辑马修·多德，感谢BBC。在这本书的准备过程中，我多次实地考察重要的树木，所以还要感谢我的家人，不但耐心包容我频繁地出差和绕路，而且十分支持本书的写作，还送给我各种林地类图书。罗宾·罗宾斯最先提醒我留意林地信托的工作，后来它成了本书的一大灵感来源。我还要感谢许多在本书写作过程中提供各种帮助的人，包括安·布兰查德、本·布赖斯、约翰·库克、杰夫·考顿、皮特·戴尔、杰茜卡·费伊、琳达·哈特、丹尼尔·库罗夫斯基、凯伦·梅森、安德鲁·麦克尼利、凯文·德奥内拉斯、富兰克林·普罗查斯卡、乔斯·史密斯和钱特尔·萨默菲尔德。我想记录对他们每一个人的感激之情。我还要感谢希瑟·麦卡勒姆和耶鲁大学出版社的所有工作人员，感谢他们的热情、鼓励、判断力和指导。

如果说《那些活了很久很久的树》诞生于这些自然现象的外在之美、这些千百年漫长生命以及孕育出的文化联系，那么本书也展望这样的未来：今天种下的小树苗将成为子孙后代的参天大树。如果任何一位读者受到触动，将这本书放下，动身寻找一棵树或者一把铁锹，那它就算完成了自己的任务。

红豆杉

如果有人说起"树"，红豆杉不太可能会是第一种出现在脑海中的树。不是因为红豆杉不常见，而是因为它们和大多数小孩在学习认识事物时接触到的关于树的简单概念是不一样的。红豆杉，没有在一根棕色树干上长出圆球形的绿色树冠，它从头到脚都是深绿色，而且有各种形状和大小。我见过像绿色大海葵一样从土地里钻出的红豆杉，枝叶向上伸展，直刺天穹；也见过枝条松弛低垂的红豆杉，更像是一把破旧的伞。爱尔兰红豆杉则像很多把收紧的伞，或者像一群挨得太近的绿色教堂尖塔，枝条通常上翘而非下垂。更常见的欧洲红豆杉形态更为多样，有些拥有互相交织、柔顺光滑的枝条，有些则长着茂密且各自独立的枝条，粗糙的针叶紧紧附在上面。红豆杉可以长得非常浓密，一丝光线也透不过去，也可以树冠大开，露出形似管道的稀疏树干。年轻、苗条的红豆杉优雅地伸出自己的分枝，好像随时准备起舞，但它们年纪更大的"亲戚"有时会长出非常巨大的腰围，看上去仿佛会把自己压垮。红豆杉可能成片生长，将树下柔软的锈色地毯隐藏起来，也可能独自矗立，高踞于一面石灰岩悬崖之上，或者安静地点缀在原野的角落。如此熟悉，却如此多样，这就是红豆杉总是看上去令人不安的原因吗？

古罗马人将它们紧密地排列成行，种在笔直的街道两边，每一棵树都修剪成整齐的方尖碑或者身体直立、有棱角的动物形状。文艺复兴时代的欧洲延续了这种风格，将这些树种成茂密的迷宫或是几何形状的花坛。红豆杉是一种有生命的建筑材料，这意味着它们可以用来在花园里造墙，也可以装饰醒目的户外雕塑，而且不会被雨水侵蚀，只会焕然一新，更加生机勃勃。在坎布里亚郡的利文斯庄园，始于17世纪90年代的园林逐渐被修剪成了一个梦幻般的镜中世界，到处都是奇妙的形状：巨大的高顶礼帽和螺旋滑梯，受惊的蘑菇和堆积圆环，鸟和蜂箱，金字塔和奶酪块，用常绿树布置的茶会，包括杯子、蛋卷冰激凌、深色甜甜圈和形状不规则的果冻。这是一个绿色的梦幻世界，一切都被精心地修剪和控制，这种天马行空的自由想象，依靠大量辛勤的工作。红豆杉的自然形态非常奇怪，但是在这里，它们可以形成拱门，翠绿色的拱顶长得非常坚实。然而，如果你走进年老的红豆杉树篱，彼此纠缠的枝条和根会展示出隐藏在这种壮观景象之下的真正能量来源。

在18世纪，流行的品位是释放野性，于是大庄园纷纷改造得更像自然风景。雕刻出的对称花园不再受到追捧，复杂的树木造型大

●坎布里亚郡利文斯庄园的红豆杉

20

多被挖了出来，老年红豆杉遭到清理，为开阔的风景效果让路。不过，还有一些幸存者被保留了下来。罗夏姆园有一面厚厚的常绿树墙，客人穿过它就会从一览无余的景色进入隐蔽僻静的花园。还有赛伦塞斯特公园悬崖般的树篱，以及波伊斯城堡巨大的红豆杉瀑布。罗金厄姆城堡的"大象树篱"有着巨大而扭曲的形状，又因为造型过时而更加令人不安，这将启发查尔斯·狄更斯在莱斯特·戴德洛克爵士位于荒凉山庄的古老乡村别墅里，创造出一条"鬼道"。

在所有树木中，红豆杉最易挑起不安、害怕甚至恐惧的情绪。在《白色女神》中，罗伯特·格雷夫斯（Robert Graves）宣称它"在所有欧洲国家都是死亡之树"。这么说的原因很简单，红豆杉的毒性广为人知，这种树的每一部分都有毒，只有小小的红色假种皮除外，画眉和乌鸫吃掉它们后安然无恙，并在飞行中不经意地帮助这种树播种。柔软有光泽的深绿色流苏状叶片是致命的，这也是红豆杉种在教堂墓园围墙内的原因之一，以防止附近田野上的牛马来吃这些诱人却有毒的常绿枝叶。

莎士比亚将红豆杉形容为"双重致命"，除了枝条有毒，用它们做成的弓还是战争中致命的武器。阿金库尔战役是英国历史上一场以少胜多的著名战役，庞大的法国军队被一批人数不多但战无不胜的英格兰和威尔士弓箭手击败。虽然两方军队在规模上的相对差异后来被夸大了，但这个传说凸显了红豆杉长弓的恐怖威力。因为生长缓慢，成年红豆杉的木材结实得令人震惊，又具有柔韧性。在中世纪的制弓匠看来，红豆杉最好的部位是深色的密实心材与颜色较浅的柔软边材相交的地方，拥有制弓所需的恰到好处的强度和弹性。由这些强力长弓发射出的数百支箭形成一阵呼啸而来的雨，挡住中世纪欧洲战场的阳光。那些知道自己的铠甲无法承受这场风暴的人，一定认为这是可怕的景象。而一支尖锐的锥形箭，足以令人想起这种致命的、针叶密布的树木。

对弓的恐惧也让弓箭手变成了首要的军事目标。在班诺克本之战中，当英格兰的弓箭手被包围并完全暴露，罗伯特·布鲁斯就稳操胜券了，苏格兰人得以骑着战马摧毁敌人的前线。即使远离战场，中世纪弓箭手的生活也没什么好羡慕的，因为他们生活在"毒弓"带来的恐惧之中。虽然现在看来这种焦虑并没有充分的理由，但它确实揭示了人们普遍对红豆杉有所忌惮。尽管长久以来，它的木材被珍视，打磨抛光后露出金红相间的漂亮木纹，适合做最精美的橱柜，但人们对它的疑虑至今没有消散。无论色彩浓厚的金黄色红豆

●阿金库尔战役中的英格兰弓箭手

杉木看上去多么诱人，有的木匠也不敢用它做成酒杯，害怕其中的残留毒性会渗进酒里。

就连红豆杉的植物学学名听上去都相当可怕。对说英语的人而言，红豆杉属（*Taxus*）会让人想起 tax（税）、taxing（繁重的）和 toxicity（毒性）。《牛津英语词典》收录了"taxin"一词，定义是"从红豆杉叶片中提取的一种树脂状物质"，并给出了 1907 年 12 月 21 日的首次使用记录：报纸上一则新闻报道了一桩无法解释的死亡案件，直到验尸时在死者的胃里发现了大量红豆杉叶片。就在整整一百年后的 2007 年 12 月，爱尔兰警察在都柏林也遇到了一桩令他们困惑的自杀案，直到法医在受害者的茶里发现了红豆杉所含的毒素——紫杉素 B。抑郁和绝望之人会被这种树吸引，西尔维娅·普拉斯（Sylvia Plath）住在考特格林时，正是她短暂一生中的低谷期之一，附近教堂墓园里的红豆杉被她视为黑暗本身的象征。她在那首令人难忘的诗《月亮和红豆杉》中断言："红豆杉留下的信息就是黑暗，黑暗和沉默。"

但丁将自杀者放在一片黑森林里，他无疑是在用隐喻的方式思考，但是这种想象中的安排有其现实基础。当但丁住在丰特·阿维拉纳修道院的时候，他一定在院里见过那棵屹立至今的古老红豆杉，他还穿越了中世纪意大利广阔的红豆杉森林。在《地狱》中，黑暗的灌木丛中有一根枝条折断了，流出一连串文字和黑色血液。唯一看上去能流血的欧洲树木就是红豆杉，它能够分泌出一种深红色的树液，和鲜血十分相似。许多年来，这种至今仍让植物学家困惑不解的现象一直在吸引着游客前往彭布罗克郡的小村庄内文，观赏种在圣布赖纳克教堂墓园里的"流血红豆杉"。这棵老树有一条深深的红色伤口，向外流淌着眼泪，这道伤口是各种故事的灵感来源，主题包括天国美景、古代不公事件、爱国忠心和世界和平。

红豆杉叶片的毒性，或许是造成这种树与死亡紧密联系最显而易见的原因，但是许多植物也有毒，却逃脱了这种坏名声。人们高高兴兴地在花园里种下金链花、毛地黄和铃兰，只用一点点常识提防这些植物的毒性。那么，为什么红豆杉就会引发更大的恐惧呢？与天然的毒性相比，它们的外形及生长位置更令人害怕。红豆杉在墓园中的黑色剪影一直是西方文化的一部分。红豆杉可以在浓荫下生长，能够在老教堂投下的阴影里茂盛生长，而那扭曲多瘤的树干很容易让人联想到扭曲的人形。如果在绘画或拍摄时稍加想象力，绝对能让红豆杉呈现出阴森森的效果。它们出现在鬼故事和哥特式恐怖片中、古装剧阴冷的墓地场景中，以及犯罪片中最紧张的时刻。

红豆杉肃穆的存在，浮现在格雷的著名诗作《墓园挽歌》越来越深的黑暗中，它的阴影还投射在哈代为妻子艾玛写的《挽歌》上，看着艾玛躺在她"红豆杉木做的床上"永远长眠。在面对自己最亲近的朋友阿瑟·哈勒姆死去时，丁尼生本能地用教堂墓地里的《老红豆杉》表达自己的悲痛。在突然丧友的打击中，这棵树看上去像是个怪物，死死抓住墓碑，细长的根似乎紧紧裹住了埋在地下的尸体。这位年轻的诗人怨恨"老红豆杉"还如此生机勃勃，而他挚爱、聪颖的哈勒姆却英年早逝，令人无限痛惜。

当丁尼生在努力克制挚友早逝带来的哀痛时，社会正处于一种深深的不安中，因为人们刚刚意识到地球比之前以为的更古老，而在它漫长的历史中，人类出现的时间非常短。巨大的恐龙化石的发现让人们很难怀疑，这个曾经主要按照人类历史理解的世界，实际上已经存在了至少几百万年，居住过人类根本不了解的许多生物。人类寿命与自身栖息地历史之间存在极大的不对等，这种新的认识强化了丁尼生个人的丧失之感。为什么他只能拥有这样短暂的生命，而一棵树却可以活一千年？当丁尼生从自己沉重的悲痛中走出来后，他意识到红豆杉并不永远是阴郁的形象，它也有"黄金时刻"。他的忧愁随着春天的回归逐渐消散，在这个季节，即使是最黑暗的老红豆杉也开始披上一层金辉，融入鲜活的生命律动之中。

毕竟，红豆杉的长寿不是上天的不公正，而是常被人视为一种奇迹，当成希望的象征。在奥地利，红豆杉被种植在村庄的广场上祈求好运。而在德国，早在云杉成为标准圣诞树很久之前，人们每到圣诞节都要用红豆杉树枝装饰自己的家。对于古凯尔特人来说，红豆杉树是神圣的。在罗马人和撒克逊人眼中，它们能确保逝者安然地进入另一个世界。在英国，出于实际原因红豆杉继续被种在教堂墓园里，但很多红豆杉树在基督教抵达英国很久之前就已经存在了。种在坎布里亚郡瓦特米尔洛克的那棵红豆杉很可能比圣彼得"老教堂"还老，而位于瓦伊马奇马克尔的那棵红豆杉寿命长达1500年，比它所在的圣巴萨罗姆教堂还要老上好几百年。英国的第一批教堂往往建造在红豆杉树的旁边。

北约克郡的泉水修道院有一片古老的红豆杉树林，当这座修道院在12世纪进行修建的时候，这些红豆杉就已经大得能为僧侣们遮

●位于瓦伊马奇马克尔的红豆杉

25

阳挡雨了。这可能是这些树咄咄逼人的另一个表现，它们作为前基督教社会的圣物，又被新的宗教谨慎地融入进来。但更有可能的情况是，在接下来的几个世纪里，这些老树被视为约克郡僧侣与红豆杉树之间和谐关系的象征，因而它们备受尊崇并继续生存下来。在这些僧侣看来，红豆杉是上帝提供的庇护所和天然祷告室。因此，即使是在对红豆杉木的军事需求高涨时期，修道院里的红豆杉树也无疑得到了上帝的保佑。对那些不看重当下而追求永生的人而言，红豆杉树是令人安心的陪伴。在葬礼上，红豆杉树枝装饰着逝者和送葬队伍，因为这种无惧冬寒、永不变色的常绿植物拥有血红色的浆果和闪闪发亮的叶片，是永生的象征。

如今，红豆杉是欧洲现存的最古老的生命。古代大教堂、城堡和古罗马遗迹备受尊崇，可从古代遗存至今的这些幸存者竟然没

●安可威克红豆杉，摘自雅各布·斯特拉特的《不列颠森林志》

有多少人知道。泰晤士河兰尼米德段岸边有一棵安可威克红豆杉，1215 年在这里签署《大宪章》的时候，它就已经是一棵魁梧的老树了。三个世纪后，这棵静静矗立的老树见证了亨利八世向安妮·博林求婚。有些红豆杉是建筑的一部分构造，例如斯基普顿城堡庭院中那棵高高的树，或者站在斯托昂泽沃尔德教区教堂门口那对壮丽的树。威尔士小径沿途的著名红豆杉包括内文的"流血红豆杉"、阿伯格拉斯尼的红豆杉拱形隧道，以及南特格林的"布道坛红豆杉"，据说约翰·卫斯理曾经爬上它粗壮的树干，在树上布道。

像这样的大树不是崇拜的对象，而是那些信徒自由相聚的天然场所，他们追随的信仰不是教会规定的陈腐信条。乔治·福克斯在 1653 年前往科克茅斯时，在巨大的洛顿红豆杉下遇到了贵格会的伙伴。托马斯·帕克纳姆前往湖区寻找那棵被华兹华斯赞为"洛顿谷地的骄傲"的传奇大树时，最终在一座老酿酒厂后的田野里遇见了它，并且惊讶地发现这棵巨大的老年红豆杉几乎无人问津。它肯定早已淡出了游客的视线，因为《梅休因湖区旅行指南》在 1902 年就宣称它已是历史了。即使是最庞大的树，似乎也会从人们视野里消失，至少是从公众意识里消失。它已经死亡的谣言大概始于 19 世纪 40 年代，当时有一半大树毁于一场猛烈的风暴，剩下的几乎全被砍倒用作木材。

如果你到洛顿去，仍然能看到这棵矗立在霍普贝克旁边的红豆杉，在朦胧的远山下显现出轮廓。如今它有了一块表明身份的贴面板，虽在某种程度上降低了成就感，却有助于稳固它的未来。这棵树仍然有点两边不平衡，但即使在半独立状态下也依然壮观。两百年前，洛顿的这棵著名红豆杉被多萝西·华兹华斯（Dorothy Wordsworth）描述为她见过的最大的树："我们在这个地区见过许多大树，但是我从未见过任何一棵比它的一根分枝更大的树。"这棵"红豆杉元老"曾被认为几乎和《圣经》一样古老，备受尊崇。生活在英国境内的某些红豆杉比巨石阵和金字塔还古老，这是个需要花点时间消化的事实。当你仔细想想它们的树荫下发生过什么，或是它们拥有比周围所有建筑、道路和村庄都活得更久的潜力时，这些看上去是寻常景致、在城镇和乡村都很常见的植物，好像突然变得伟岸起来了。在两三千年前还是小树苗的红豆杉，等到罗马人入侵英国时已经是大树了，所以传说中本丢·彼拉多（据说当时的他是奥古斯都·恺撒派遣的一名特使的儿子）曾在珀斯郡福廷格尔的那棵巨大的红豆杉下玩耍。这棵大树的年龄是这个故事中最有说服力的部分，至于细节，虽然不太可能是真的，但的确有助于为这些非凡的自然现象确立一个相对的尺度。在争夺联合王国境内最古老的居民这一殊荣时，不甘落后的威尔士也有自己的参赛选手——位于布雷肯山的迪芬那哥红豆杉，以及位于更北边的康威的兰盖尔纽红豆杉，这两棵树都已经活了大约 5000 年。没有人认为本丢·彼拉多去过布雷肯山，但是当卡拉克塔克斯揭竿而起反抗罗马人的占领时，迪芬那哥红豆杉已经开始在它的再生中向下扎进新的树根了。

没有人知道最古老的树的确切年龄，所以估值可能相差数百年甚至数千年。兰盖尔纽红豆杉很可能有 5000 岁，但也有人反对，认为它年轻得多，只有 1500 岁。和寿命相对较短的大多数"邻居"不同，红豆杉拥有罕见的再生能力，这为依据年轮测定树龄的办法增加了特别大的难度。极为缓慢的生长速度意味着相邻年轮之间的距离往往不足 1 毫米，就算用放大镜观察木材的横切面，看到的也更像是紧紧合上的一本书的边缘，而不是一系列有序的、可测量的棕色标记。这些困难只会增加古老红豆杉树的神秘感。

随着红豆杉的衰老，它们开始变得中空，所以某些最古老的红豆杉树只是有生命的空壳，几乎就像是木头做的巨石阵一样。这是它们的又一个生存秘诀，因为与实心的柱状木头相比，中空且有孔的管子在大风中更不容易被吹倒。然而，由于没有完整的年轮，用年轮学测定树龄就行不通。红豆杉不规律的生长模式也意味着，树干的一部分或者一根树枝无法代表一整棵树的准确年龄。红豆杉在古代与永生的联系更多地取决于生活习性。虽然有些红豆杉会在生长几百年后剥落柔软、纤薄的树皮，但非凡的再生性使得它们还能继续茂盛生长，因为内部会有新的根从树冠向下扎进土里，然后长出新的树皮。这些在内部聚集成束的管状根很难和最初表面皱缩的树干区分开，因此更难解决判断树龄这个复杂的问题。

一棵古老的红豆杉可能看上去像是潘神在愤怒中抛下的潘神箫，一根根管子朝着不同的方向倒下，例如萨塞克斯郡坦德里奇的那棵大树。而安可威克红豆杉则更像一面扭曲的岩壁，缓缓打开之后露出一个洞穴，里面是泥炭色的钟乳石和石化的藤条。即使一棵古老的红豆杉被更强大的力量击倒，它也不愿意就此放弃。在汉普郡的村庄塞耳彭，吉尔伯特·怀特（Gilbert White）曾每天观察的教堂墓园中的那棵红豆杉树被 1990 年 1 月的大风吹倒了。虽然只留下一段残桩，但源自这棵古树的一株树苗被种在了附近。这处塞耳彭最古老居民的伟大遗迹如今依然矗立在那里，仿佛自己就是一个世界，一个由光秃秃的木头断面和沟壑组成的世界，里面生长着浓密的叶子和植被。

要想确定红豆杉的树龄，除了科学分析之外，我们还需要书面记录。千百年来，博物学家们一直在测量红豆杉的树围，所以我们现在可以用早期记录与树木如今的树围对比。当威尔士古文物收藏家、博物学家托马斯·彭南特在 1769 年前往苏格兰旅行时，位于里昂谷的福廷格尔红豆杉已经长到了"56.5 英尺"（1 英尺约为 0.3 米）。今天的它还是这个树围，但已经分裂得像是一丛更小的树。红豆杉的生长曲线表无疑参考了英国国家医疗服务体系的人体发育标准，据林学家艾伦·梅雷迪思估计，树围超过 10 米的红豆杉至少活了 2500 年。也许吧。颇为矛盾的是，虽然长寿大概是红豆杉最突出的特征，但这些神秘的树木仍然无法确定年龄。

古老的素描、绘画、诗歌和散文描述都是窥探古代树木生长经历的重要窗口。华兹华斯的诗《红豆杉》以洛顿红豆杉开篇，但他的思绪很快就越过哈尼斯特山口，来到博罗代尔的古红豆杉身旁。他的诗句：

> 巨大的树干！每一根树干都生长着
>
> 相互缠绕的纹理，蜿蜒
>
> 向上卷起，固执地盘旋

是对这些再生古树的精确描述，语言恢宏大气，又古色古香。华兹华斯还观察到了"寸草不生的红褐色地面"，它经年累月地被"憔悴树荫的凋落之物"染红。而他在这首诗里使用的"pining"（憔悴）这个词不但借用了当地方言，指植物变干的过程，还被更多地理解为极度渴望或者日趋衰弱。作为一名诗人，他指涉的不仅是这些红豆杉独特的外形，还有它们逐渐累积的文化意义。

华兹华斯是在 1799 年和 1800 年与自己的兄弟约翰一起前往博罗代尔旅行的，但是当他在 1815 年发表这首诗的时候，约翰已经去世 10 年了。约翰是商船队的一名船长，他在 1805 年遭遇海难，和自己的船一起沉入了多塞特海岸的韦茅斯港。对于华兹华斯而言，回想起博罗代尔的红豆杉"四兄弟"是辛酸的，因为此时只剩下三兄弟。这也许解释了他为什么只能在这些红豆杉"昏暗的屋顶下"看到"不欢的浆果"，并想象着"死亡的骷髅"和"时间的影子"在这座自然的庙宇中相见。

如今这"四兄弟"不再像华兹华斯造访它们时站成一个方阵，因为其中一棵被 1883 年的一场大风吹倒了。它们的位置继续标注在英国地形测量局绘制的北部湖区地图上，尽管大多数前往斯科菲尔峰或大山墙的徒步者很可能直接从附近经过，但他们根本不会注意到德文特河的斜坡上隐藏着什么。这片人烟稀少的山谷安静得像块石头，笼罩着一种既不令人振奋又不十分忧郁的氛围。在如此深沉的寂静中，呼吸都显得唐突，而这些古红豆杉仍然是这里最神秘莫测的存在。当我试图在 8 月午后的明亮阳光下拍摄这些博罗代尔红豆杉时，照相机坏了。

照片往往比任何东西都更能保存红豆杉的个体经历，而且某些树只剩下老明信片上的形象作为它们存在的证据。老照片还能展示一棵古树在损失一根主要分枝之前的样子，或者经历一次重大改造之后的样子。萨利郡的克劳赫斯特红豆杉在维多利亚时代拍摄的照片上，显示出它树干上的小门这一最惊人的特点原来早在那时就有了，不过这棵树当时的倾斜程度不像现在这样严重。我去看它的时候，那扇门还挂在树干上，而且是打开的，仿佛最后一位租户匆忙地搬走了，但是一旦将门关上，这棵古树的威严就立刻恢复了。这扇门的上方有两个空洞，一定是两根不知何时掉落的树枝造成的，它们就像两个巨大的眼眶，对眼下的烦扰视而不见，那茫然的注视却能望得更远。当代画家塔西塔·迪恩在她画的克劳赫斯特红豆杉肖像中准确地捕捉了这棵树的奇异感，这幅画是根据一张老明信片改绘的，但是画家删除了所有背景，创造出一种典型的、红豆杉式的永恒感。

老树常常将人类善变而频繁的冲动行为记录下来。当克劳赫斯特红豆杉在 19 世纪初被改造成住所时，人们在它凹凸不平的内部放置整洁的桌椅，在树干上安装那扇小门，还发现了一枚炮弹，它是英国内战期间镶嵌进去的，然后便一直留在那里。红豆杉是有生命力的纪念碑，被人类的历史塑造着，并且充满了各种各样令人惊讶的发现。

紫杉醇这种药品的发现，揭示了红豆杉是多么善于保守自己的

●克劳赫斯特红豆杉

秘密。早在 20 世纪 60 年代，美国科学家就在红豆杉树中发现了一种可能对治疗某些癌症有效的化合物，经过大规模的实验后，紫杉醇在 1992 年被批准用于化疗。红豆杉突然从死亡之树变成了生命之树。美国还通过了《太平洋红豆杉法案》，以确保西海岸地区的红豆杉得到负责的管理，而在此之前它们通常被木材商人视为"垃圾树"。20世纪90年代初以来，更深入的研究使更多提取自红豆杉的新药被研发出来，用于治疗卵巢癌、乳腺癌和前列腺癌。时至今日，人们仍在探索这种树的药用价值。

新抗癌疗法的研发是一项重大的医学突破，但突然产生的医药需求也有其负面影响。剥下古红豆杉的树皮能为药物的制造提供原材料，但这样也会杀死这些树。千百年来一直生长在尼泊尔、阿富汗和中国部分地区的西藏红豆杉，如今成了濒危物种。由于紫杉烷可以从红豆杉的针叶中提取，所以比起电锯这种简单快速的方式，精心栽培和采摘红豆杉更能保证医药资源的长期可持续供应。但这也意味着更少的短期利润，而短期利润是深陷经济危机地区的另一种救命良药。以红豆杉为原料的药物有着巨大的市场需求，似乎也很正当，砍伐的冲动在经济上和人道上都站得住脚，相关政策的制定因此变得非常棘手。但这的确让人联想到与红豆杉相关的短视已有漫长的历史。

在中世纪的欧洲，对长弓的需求导致了欧洲红豆杉森林的毁灭，这是军火贸易的早期版本，充满讽刺意味。从法国森林进口的红豆杉木很可能回到故土，向那些将它们砍倒的人射出致命的箭矢。红豆杉贸易是当时欧洲经济的重要部分，但资源消耗得很快，当这些树消失不见的时候，制作武器和打猎工具的最好材料也一去不复返了。这很可能就是法国没有留下古老红豆杉，以及战无不胜的弓箭手部队从历史中消失的原因。即使种植红豆杉的树苗，也会有很多年无法为一支军队提供装备，毕竟理查三世时代种下的树要到乔治三世时代才能做成弓。然而到了那个时候，为武器提供材料的就是英格兰中部地区的炼钢炉了，新武器拥有更大的破坏力。

关于红豆杉，或许真正令人不安的并不是它黑暗的剪影、多样的形状，也不是它有毒的针叶，而是它极长的寿命。人类可能觉得自己很难对付这种见证了无数历史风云的东西，况且它还会继续活到未来，而那时我们所有的抱负都会被彻底遗忘。如果那些曾种下珍贵红豆杉的人，留给后世的只有一些残破的碗和大口杯，那么今天在花店里的情侣们，用小推车将盆栽红豆杉推向收银处，准备在周末种植一小段树篱，又会在两千年后为世人留下些什么呢？这株红豆杉可能是最长存的遗产。但是想到自己的存在还不如一段树篱长久，总会有些羞耻。

红豆杉不需要作为人生苦短的阴郁提示，它其实是将我们从有限视角中解放出来。我们的有些东西可以历经千百年岁月，就像福廷加尔、兰盖尔纽、克劳赫斯特或安可威克的古老红豆杉一样。我们不知道红豆杉还将什么隐藏在体内，但总有一天会知道的。所以，红豆杉树对人类意味着什么呢？我认为现在下定论还为时尚早。

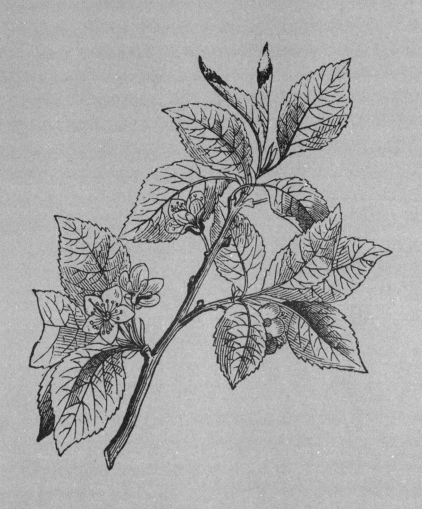

樱树

位于惠普斯奈德的树木大教堂是在第一次世界大战的余波中种植的。在大屠杀中幸存的埃德蒙·布莱思上尉和许多其他幸存者一样，认为必须为自己死去的战友建造一座纪念馆，但他最初想不到有什么东西能够承载如此重大的意义。停战几年后，布莱思和他的妻子来到利物浦，去参观那座从 1904 年就开始修建的新教堂，尽管已被奉为神圣，但才建成了一半。这项工程还在进行中，对于建筑师贾尔斯·吉尔伯特·斯科特而言，这也是他倾注毕生心血的工程和对信仰的践行，为了利物浦人，他将自己脑中的幻象慢慢变成了一桩不朽的宣言。在回程途中经过科茨沃尔德时，一幅奇妙的景象让布莱思夫妇停下了脚步。闪烁的阳光突然照射在一片本来稀松平常的树林上，既是自然的变形，又是惊人的幻象。布莱思意识到自己也可以打造一座大教堂，但它的材料不是砖块和玻璃，而是树木和天空。他的露天大教堂将比任何建筑都美，而且永远不会完工，因为它正在生长的支柱会继续伸出拱形分枝，枝条上缀满了萌发的花饰。它是一所纪念馆，献给布莱思的朋友们，以及在战场上早早结束生命的一代年轻人，但它也是对于未来充满信心的生动表达，以希望与和谐的精神培育。1927 年，布莱思在邓斯特布尔丘陵的惠普斯奈德买下一座农场，那时他知道应该拿这块土地做什么了。

80 年后，布莱思上尉的树苗已经长到了他当初理想的高度。在构成中殿和圣坛的高大白桦树旁，矗立着布莱思最早建造的小礼拜堂——复活节小礼拜堂，它由樱树构成。在这个宁静的沉思之地，平时只有光秃秃的树干和悬在空中的分枝，但这里每一年都会突然充满令人目眩的云朵，像天国一样洁白，映衬在春日的浅蓝色天空中。在复活节来得较晚、礼拜堂因节日庆典而亮起来时，这一年一度的变化最令人难忘。即使复活节降临在3月，赤裸的樱树也仍然矗立着，不引人注目但绝不会被认错，它们在耐心地等待着荣耀时刻。

野樱桃树也像阳光回归的预兆一样点亮林地小径，忽然间白光满溢，花朵又迅速凋零。当 A. E. 豪斯曼（A. E. Housman）称这种树是"最可爱的"时，无人辩驳。尽管不是没有竞争对手，但是樱树开花的景象如此震撼，以至于至少在几天之内，没有其他树能够与之相比。泰德·休斯（Ted Hughes）将樱花的到来看作春日聚会的邀请，但最终有点失望，因为当游客抵达的时候，"她从我们身边跑过，冲了出去，掩面哭泣，衣衫破烂，沾满污迹"。这些可爱的花往往毁于春天常有的风雨，几乎还没有什么人欣赏它们时就已零落满地了。然而，如果认为野樱桃（欧洲甜樱桃）的明亮花朵是英格兰春天的精髓，那我们就该重新调整自己的想法了。新鲜、短暂、无常，樱花是全世界最受欢迎的，也是最转瞬即逝的。

在华盛顿特区，人们的兴奋之情在3月的最后一周与日俱增，因为潮汐湖周边的大片樱树都开花了。花蕾才刚刚冒出，相机就已就位。樱花是自然界的名人，没人想要错过。这些花只会开放三个星期，先是一抹洁白的雪花，很快变成华丽的浅粉色浓雾，最后是万千花瓣纷飞飘零的樱花雨。美式赏樱绝非人与自然的安静交流，而是热情的、社交性的，甚至出乎意料地富有运动性，因为每年花开灿烂时都要举办赏樱十英里长跑比赛。人们聚集在路边，一边欣赏樱花，一边为气喘吁吁跑过去的运动员加油打气。

樱树仿佛会大规模地移动，而赏樱之人也追随着樱花的脚步，好像随着消息的传开，没有人甘愿落后似的。在日本，樱花就像英国的天气，在每年的特定时间都会让所有人为之痴狂。赏樱标志着日本春季的开始，届时会有音乐、野餐和茶会为壮丽的樱花美景助兴。在每年大约两周的时间里，完美对称的富士山都会像座小岛一样屹立在一片雪白的花海中，被成千上万的业余摄影师拍成照片。樱花盛开的移动轨迹就像一场重量级巡回演唱会，随着气温的升高最先在1月的南部岛屿冲绳开幕，然后逐渐向北移动，在5月抵达日本列岛的最北端。每一片樱树林都会在一年的几周里享受镁光灯下的高光时刻。

著名的华盛顿樱树实际上来自日本，它们在1912年才作为东京市长的礼物抵达华盛顿。美国第一夫人海伦·塔夫特和日本大使夫人珍田在赠送仪式上各种下一棵树，将其余3000棵树苗留给了这座城市的园丁们解决。（这其实是在华盛顿种植日本樱花的第二次尝试，第一批引进的樱花感染了病害，不得不销毁。）这两棵樱花树至今还矗立着，身边还有许多漂亮的后代。"二战"后，当美国和日本之间的破裂关系似乎已无法修复时，又有一批肩负外交使命的樱花

●葛饰北斋制作的富士山风景版画

树最终抵达，帮助两国重修旧好。

作为日本皇室指定的最爱花卉，东方樱花是日本文化的一项典型特征。或粉或白，纯美无瑕，日本樱花树作为印刷画、布料、瓷器和纸张上的风格化图案风靡全球。而樱树本身只要种植在适宜的土壤里就能生根，茂盛地生长。在"二战"后的朝鲜半岛，所有被日本侵略者种下的樱树都被毁，替换成本土树种。这些树代表着日本军事力量，尤其是樱花图案还印在日本轰炸机上，作为生命热烈和短暂的象征。有些地方重新种上了樱树，因为韩国植物学家现在提出观赏樱花最初源自韩国，但这个问题与血腥的殖民史息息相关，至今仍有争议。中国最近也提出了相反的说法，自称是樱树的原产国。这些树的美确实在某种程度上取决于观者的视角。

樱花独特的美还诱发了人工干预，随着杂交育种史的发展，人们培植出众多不同品种的樱树，只是在花朵上有微妙差异，它们的谱系因此变得难以追溯。虽然日本的佐藤樱花树直到20世纪初还是国家机密，但日本的园艺学家很多年前就开始培育具有异域风情的品种了，导致现在很难判断哪些是本土品种，哪些是杂交品种。例如，"芳名"樱花是一种典型的日本樱花，很容易辨认，花量繁多，浅色五花瓣，有金色的花心，大概可以确定它是19世纪的杂交品种。根据国际空间站最新的实验结果来看，樱花树很有可能还在迅速进化。若干年前被送上太空的种子长成了一棵樱花树，生长速度惊人，而且开花时间比正常状态下提前了4年。很显然，樱花将继续成为所有花中最转瞬即逝的。

日本樱花通常比它们的欧洲近亲开得更饱满，在维多利亚时代末期首次引入英国时引起了不小的轰动。它们细长的小枝可以开出蛋白色的花，呈现出这个热爱园艺的国家从未见过的轻盈之感。当时，阳伞、和服突然流行，《天皇》这本书畅销，樱花树的种植则是景观设计师跟随这股潮流的体现。很快，这些树干明亮并有醒目条纹的树木开始扩散到英国各处，甚至植于最沉闷的街道。

虽然来自东方的观赏樱是如此耀眼的新鲜事物，但英国本地樱桃树仍然保持着经久不衰的吸引力。它们矗立在林地中，并以复活节期间的一身白衣闻名，但到了7月就会完全变成绿色和红色。正是本地樱桃树的夏日盛装，让它始终在英国人民的心里占据特殊的位置，更准确地说，是在嘴里和胃里。

中世纪城堡和修道院常常种植樱桃树，因为它们可以供应宝贵的水果。中世纪的樱桃园一度被认为是罗马占领时期留下的丰富遗产之一，然而考古学家在研究奥法利郡一处青铜时代遗址时发现了史前樱桃的遗迹。在罗马人带着他们的地中海美食抵达英格兰之前，古代爱尔兰人已经开始享用樱桃大餐了。这种果实是烹饪界的一颗明珠。甜樱桃从树上摘下来直接吃就十分美味，酸樱桃做成馅饼和布丁也很好吃。樱桃可以泡在白兰地里制成罐头，或者做进烘焙点心里，比如蛋糕、法式樱桃布丁蛋糕、可丽饼或者黑森林蛋糕。在许多盛产樱桃的国家，樱桃还用在主菜里，消解烤鸭的肥腻或为藏红花米饭增添一抹水果风味。樱桃白兰地和黑樱桃酒等利口酒还可以捕捉酸樱桃难以形容的味道，并将它们美妙的风味保存多年。

黏糊糊的深红色糖渍樱桃似乎是超市称霸时代的缩影，但其实都铎王朝的皇室早就已经吃上用糖保存的樱桃了。亨利八世非常喜欢这些多汁味美的小球，以至于命令皇家水果商种植庞大的樱桃果园，将肯特郡变成了"英格兰的花园"。在此后的几个世纪，肯特郡一直保留着这种伊甸园般的风貌，年纪较大的肯特郡居民还记得大片樱桃树的壮观景象，以及每年夏天收获樱桃时搬出来的大梯子。然而，英国的樱桃园在"二战"后迅速衰落，土耳其、美国和德国的樱桃进入英国市场后更是雪上加霜，如今这些国家成了全球樱桃市场上的主导。在仅仅20年的时间里，英国樱桃园就令人震惊地消失了90%。到20世纪70年代，大多数人更有可能开着一辆达特桑樱桃小汽车，而不是种下樱桃树。在现代城市，梯子成了造成潜在索赔要求的危险因素，经过官方批准的樱桃采摘工现在只能唤起人们对英格兰樱桃园和采摘季自然韵律的一抹哀伤回忆。

为了应对这种凄惨的转变，近年来，人们正在努力恢复樱桃的荣光，并在这个过程中应用了矮化果树和塑料大棚等技术。这些新技术或许不能增加樱桃树的传统魅力，但可以使樱桃树的收益最大化。高端家具制造商对质地细密、色彩浓郁的樱桃木的需求稳步增长，这也在激励这种树的可持续种植。实际上，樱桃木的价值如此珍贵，以至于成材木所处的地点都非常安静。幸运的是，樱桃树的社交属性并没有被完全压抑。从肯特郡到伍斯特郡的老种植区里，夏季传统樱桃展销会再次热闹起来，唤起民众对本地樱桃的新热情。

一些富有创新精神的果农甚至开展了出租樱桃树的新业务，这意味着你可以在春天欣赏专属于自己的樱花，然后在 7 月享用现摘的闪烁着光泽的成串黑色果实。这是我们的生活方式过于紧张忙碌的又一个表征吗？我们是不是太忙或者太没有耐心，不能自己种好一棵樱桃树，而情愿花一小笔钱借用别人的樱桃树呢？或者这是一种激励方式，用以修复果农和消费者之间、冷冻包装采摘篮和鲜活果树之间，以及人类和地球母亲之间的关系？

樱桃对多种病症的疗效不容低估。虽然亨利八世或许不是樱桃保健的最佳代言人，但它们的确是对付痛风、发烧和感染病毒后不适的传统疗法。这大概是因为它们富含维生素、红色花青素和纤维素。目前，人们致力于研究樱桃的抗氧化和抗感染潜力，以及可能有的减肥功效。樱桃的果梗曾被用来制作浸提液，治疗支气管炎、贫血和腹泻。近年来，人们发现非洲樱的树皮提取物可以有效治疗前列腺疾病。不幸的是，树皮因此被过度剥取，这意味着这种疗法现在已经不可用了。另外，数量可观的樱桃核成为一种疏松填料，塞进减轻疼痛的枕头中并进行售卖。由于樱桃会产生天然褪黑素，所以在睡觉之前吃上几颗也有助于安眠。

樱桃不仅和健康息息相关，还与灵魂有着密切联系。在基督教传统中，樱桃是天堂之果，是上天对品德高尚之人的奖赏。洁白的樱花足以成为纯洁的象征，但樱桃更常出现在文艺复兴时期圣母主题绘画中。在卡拉齐柔美的画作《圣母与睡着的圣婴》中，圣母将一根手指放在唇边，示意小天使模样的施洗者约翰在她孩子睡觉时保持安静。一小串樱桃摆在旁边的一张桌子上，象征着他最终升上天国的命运。在提香著名的作品《樱桃圣母》中，圣母手持一根不太大的樱桃枝。但在达·芬奇的画作中，整个背景是一大团有光泽的绿色叶片和更为闪耀的红色果实。古老的苏格兰诗歌《樱桃与黑刺

● 《樱桃圣母》，提香 绘

李》里，那位宗教朝圣者被神圣的樱桃及其永生的承诺吸引，尽管世俗的黑刺李更容易得到。

关于乔治·华盛顿最著名的故事之一，是他对一棵樱桃树的蓄意毁坏，考虑到樱桃的神圣性，这可能相当奇怪。每个孩子都知道，年幼的乔治用一把小斧头砍倒了他父亲最喜欢的樱桃树，当这桩罪行被发现的时候，未来的总统没有隐藏自己的罪责，而是站出来坦白："父亲，我不能说谎。"在这个奇怪的故事里，由于凶手的诚实勇敢，无辜的受害者很快就被抛诸脑后。当然，还有另一个问题，这个故事几乎可以断定是假的，现在人们普遍认为是华盛顿的早期

●乔治·华盛顿和樱桃树

传记作家帕森·威姆斯杜撰的。不过这棵樱桃树仍然是至关重要的角色，它清白、美丽，对身心健康有益，这让男孩的破坏行为比他只是砍倒一棵种类不详的"树"更有震撼力。在读者对这种可怕亵渎行为的想象中，樱花瓣像雪崩一样落在花园里，不过大多数现代美国人应该会想到瀑布般的红色果实，而不是花朵。

毕竟，果实是樱桃树最易识别的特征。悬挂在倒 V 形果梗上的两个红色小球一看就能认出是樱桃。这个符号让人想起赌场和海边游戏厅，在那里看见成排的樱桃树就意味着中了大奖，与宗教绘画中象征的升天承诺相比，这是一种全然不同的奖励。

● 18 世纪的樱桃小贩

当然，清白的樱桃还有另外一面。樱桃图案的裙子有点游乐场和调情的意味，樱桃红色的嘴唇似乎在说"过来玩儿"。流行歌曲的作词者常常表现樱桃的承诺，而樱桃的吸引力因为供应季的短暂而愈加强烈。"熟樱桃，熟樱桃"，沿街叫卖的老妇人鼓励所有人"来买，来买"，加强了萦绕在这种果实上的紧迫感。笔下从不保守的 D. H. 劳伦斯让《儿子与情人》的男主人公保罗·莫雷尔在他拖延许久的求婚即将遭遇危机时爬上一棵樱桃树，那棵树"挂满了红艳欲滴的果子"。当莫雷尔一把一把扯下"果肉冰凉的圆滑果实"时，这些樱桃触碰到他的耳朵和脖子，"它们冰凉的指尖将一道闪光传进他的血液"。樱桃树是神圣与渎神之爱的树，而成熟的樱桃圆润诱人，不但是感官的奖赏，更是灵魂的欲念。

就连樱桃核也能让人想要一段美满姻缘，至少想要一个合格的丈夫。300 多年来，人们一边数樱桃核一边吟唱"补锅匠、裁缝、士兵、水手"的歌谣（或者这个主题的其他版本）。A. A. 米尔恩（A. A. Milne）突然想到，孩子们也许会更喜欢其他选择：

那牛仔呢，

警察，狱卒，

火车司机，

或者海盗头子？

邮差怎么样，或者动物园的饲养员？

放观众入场的那个马戏团的人怎么样？

在 20 世纪中期质疑职业清单过时的人不止米尔恩一人，这首老歌谣以新面目重现，向年轻女子提供更与时俱进的单身汉名单："士兵勇敢，裁缝诚实，飞行员冲劲足，牛津毕业生多忧郁，内科医生技术高，助理牧师脸色白，法官博学又多闻，乡绅健壮身体好。"

　　为了应对来自纳粹德国空军的威胁，当英国皇家空军的驻地如雨后春笋般地在各地涌现时，他们都种上了樱桃树。这些十分相称的树有许多仍然以严整的军姿矗立在原地，尽管它们的树围已经不再那么一致，树皮上的横向皮孔也加宽了一些。不过这些树每年仍要戴上一次羽毛头盔，以配合整洁的白色路边石和大门。它们是不是象征着英格兰这座花园中岌岌可危的事物，以激励那些年轻人高飞入云？樱桃树当时仍被视为天赐之树吗？还是说樱花转瞬即逝的美提醒着生命的短暂？

　　生命是不是一碗樱桃，这个问题已经困扰我们很久了。

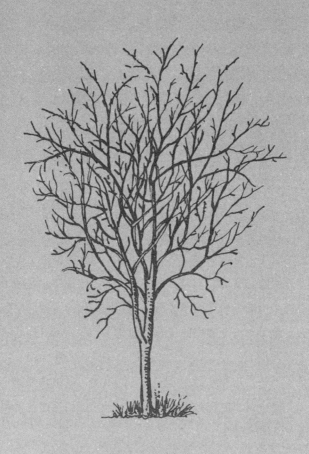

花楸

　　它是园艺专家推荐的树种之一，种植简单，能在所有类型的土壤中生长良好，养护程度低，不会长得太大。这种四季都可观赏的树几乎在任何一座花园里都有一席之地，它像万花筒一样变换颜色，从春天花朵的奶油色变成夏天树叶的淡草绿色，最后用一串串鲜红色浆果完成秋季的压轴大戏，届时它将披上深粉色、珊瑚色和洋红色的盛装。鸟类爱好者对花楸也很满意，它是乌鸫和画眉最喜爱的食物，因此对于那些喜欢黎明合唱队的人而言，它是个很棒的选择。难怪它常常在提供园艺建议的实用手册和电视节目中被描述为"有用的"。在春天，你甚至可以在超市买到小小的花楸树，附赠种植指南和一般性建议："小花园的理想选择。"优点如此之多，需求如此之少，难怪花楸的身影出现在英国和爱尔兰各地的郊区街道和花园里。相比之下，更令人不解的是，这些树在玻璃卡纸标签上的名字通常不是"rowan"，而是"mountain ash"（字面意思为"山白蜡"）。

　　无论这种小巧秀气的观赏树木多么常见，它的俗名都带有对某种更加野性的血统的记忆。花楸原产于北部山区，至今仍然能看到它们紧紧依附在海拔 2000 英尺以上的苏格兰高地的岩壁上。它常常独自矗立在一道山脊上，孤零零的剪影映衬在冬季晴朗的天空中，或者用它招摇的成串浆果和绚烂的秋叶为一大片空荡荡的山坡创造亮点。这种树是被光秃秃的山景塑造出来的，它的分枝从细长树干的顶端均匀地向外伸展，仿佛是在这样危险的地方努力保持着平衡。花楸和落在它身上大快朵颐它那有酸味的红色果实的太平鸟或蜡嘴雀一样优雅，它是拥有双重身份的树，既是安全、体面的郊区配饰，只要立即将那些凌乱的浆果清理掉，就不会让邻居心烦；同时又是自由的精灵，用有光泽的鲜红色珠子盖满全身，并在开始落叶时变成一袭深红。在谢默斯·希尼（Seamus Heaney）眼中，花楸树"像一个涂了唇膏的女孩"，而伊恩·克赖顿·史密斯（Iain Crichton Smith）在回忆自己位于外赫布里底群岛的家时，将"带露水的花楸"形容为"这片绿色中的红装"，并在同一首诗中记下自己观察到的"一只鼬鼠，在一棵花楸树旁从一只野兔的喉咙里吸血"。爱尔兰海两岸的诗人都充分意识到了这种野性、神秘的树有一种出乎意料、使人分心，又有些令人不安的美。

在爱尔兰和苏格兰高地共同的凯尔特神话中，花楸是众神之树，它的浆果是天上的珍馐。在古老的传说里，当一只浆果偶然落到地上，长成凡人能够染指的树时，众神派了一头独眼怪物前来守卫它，吓退所有来犯者。然而，这棵树是如此深入人心，以至于当格兰妮公主爱上迪尔米德而抛弃芬恩·麦克库尔时，迪尔米德不得不杀死这头怪物，让这棵神奇的花楸树成为他和公主的秘密藏匿之地。在另一个故事中，伟大的英雄库丘林遇到三个女巫正在用花楸树枝将一条狗穿起来烤，这是他死亡的预兆。可见，这是一种必须谨慎对待的树，要当心它可能释放的能量。

花楸在英语中有很多名字，每个名字都有迷人的内涵，但没有任何一个名字能够囊括它的全部含义。"rowan"这个名字并非来自凯尔特文化，而是令人想起维京人对苏格兰和北方的影响。这个词来自古斯堪的纳维亚语单词"raudr"，意思是"红色"，原因显而易见。不同地区的单词发音也不同，一开始的"ruan"不但变成了"rowan"和"rowan tree"，还发展出"roan tree""rauntry""round tree""rantry"和"rowntree"等称呼。自19世纪以来，一代又一代喜欢甜食的消费者从Rowntrees糖果公司那里得到的快乐，就像雀

●花楸树，苏格兰

鸟从这家公司名字的词源——花楸的果实上得到的一样。"round tree"（字面意思为"圆树"）这个名字很契合这种树的果实和树干，玫瑰色的果实是圆球形的，光滑的树干也常常呈完美的圆形，似乎在邀请人们用手掌将它紧紧握住。安德鲁·麦克尼利在他的诗《花楸》中描述了他用手握住郊区花园里一棵花楸树的树干时，内心涌起的一阵对那片偏远多山的群岛的乡愁。

虽然"mountain ash"这个名字让人想起北方血统，但现在看来，这似乎是用词不当，因为这些树在地势更平缓的南方也很常见。它们与白蜡（ash）没有亲缘关系。这种名字的混用是因为羽状复叶的相似性，花楸的小叶在中央叶轴上排列成羽状复叶的方式与白蜡相似，尽管没有白蜡那么对称。然而这两个物种是彼此独立的，白蜡属于白蜡属，而花楸属于花楸属。不过花楸的确有一段身份被错认的历史，因为它曾经被困惑的植物学家与梨树和苹果树一起归为梨属。花楸现在的拉丁学名是 *Sorbus aucuparia*（欧洲花楸），其字面意思为"捕鸟者"，因为它有这些极具诱惑力的多汁浆果。它在某些地区还被普遍称为"Fowler's service tree"（为捕鸟者服务的树），并因为相似的理由在德国被叫作"Vogelbeerbaum"。

在英格兰西南部各郡，花楸被称为"quickbeam""quicken""quickenberry"或"quickenbeam"，这些名字与山或鸟没有任何关系。"quickbeam"（字面意思为"快梁"）来自德语，揭示了花楸树在盎格鲁－撒克逊时代的英格兰与生命的古老关系。"quick"这个词还有"活着"的意思，比如在现今常用的短语"the quick and the dead"（活着的和死去的）中。撒克逊人将"quickbeam"当成一种让贫瘠的土地变得肥沃的魔法树，正如在德国民间传统中这种代表生命力的树被用来为牲畜赐福。血红色的浆果和洋红色的大树枝，为日光渐暗、黑夜渐长的秋天带来了生机。

花楸树苗的长势十分苗壮，这让它们总是作为遮风挡雨的庇护者被种在发育较晚的树苗旁边，比如橡树，这或许是将生命力和保护性的双重意义赋予了花楸。还有浆果，它们不但在视觉上十分醒目，还有宝贵的医疗价值，可以制成治疗咽喉痛和扁桃体炎的漱口剂，还能预防坏血病（维生素 C 缺乏病）、治疗痔疮。它们富含柠檬酸和天然糖分，有很强的收敛性。花楸既充满勃勃生机，又能滋养人类的生命，它们的浆果可以被收集起来用于烹饪，比如制作馅饼、搭配野味的红果冻，或者晒干后磨成粉末。

发酵后的花楸浆果可以酿造果酒，而它们在威尔士曾被用来酿造一种特别的啤酒，酿造过程需要使用秘方。不幸的是，根据格里

●花楸的叶片、花和果实

夫夫人在其著作《现代香草》中的记载，这个秘方已经失传了。北欧人用这些浆果制造的是度数更高的烈酒 —— 丹麦的花楸杜松子酒和波兰的花楸浆果伏特加。处理花楸浆果的秘诀是：在第一场霜冻缓和它们强烈的酸味之后正值成熟时采摘，保持冰冻状态再浸入酒精，然后放置在黑暗中。即便是在最漫长、最寒冷的北方冬夜，一杯浅红色的花楸杜松子酒也能让人热血沸腾。然而"quickbeam"这个名字可能源自另一种特性，因为它柔软狭长的绿色叶片总是在纤细的枝条上不停抖动，时刻令人想起生命的律动。小叶发出的细碎响声还给了它另一个俗名"the whispering tree"（低语树），无论是它常出现的郊区，还是更加野性隐秘的山区，这个名字都很契合。

花楸的内涵不仅是这些一眼就能看到的东西，这一点体现在这种树的其他传统名称上，包括"witchen""wicken""wiggen"和"witchwood"。虽然"wicken"很可能是"quicken"的讹用，但"witchen"和"witchwood"暗示了魔法和超自然的力量。在凯尔特人族群中，花楸是巫师的树。这并不意味着它被当作黑暗力量的一种邪恶工具，正好相反，它是抵御邪恶的保护性工具。在苏格兰和爱尔兰，花楸种在房子附近，保护里面的一家人免遭任何凶险的超自然力量伤害。曾经，几乎每一座威尔士的教堂墓园里都种着花楸，以帮助逝者找到前往来生的道路，防止幽灵滞留世间，纠缠生者。

18 世纪，当威廉·吉尔平研究英国树木的位置时，他注意到花楸常常在巨石圆阵附近生长。这一发现可能催生了花楸与古代德鲁伊文化有关的观点，但它们其实应该是最近才种下的。花楸的寿命不可能长达数千年，所以那些出现在史前遗迹的花楸树一定是相对的新来者。这些花楸种群可能凭借自然结籽更替了几个世纪，也可能是那些如今仍然生活在埃夫伯里、大罗尔莱特或卡斯尔里格，并且惮于一切超自然力量的人种下的。

认为花楸拥有保护能力的想法曾经非常普遍，正如那首古老的苏格兰民谣唱的——"花楸树和红丝线，所有女巫都不敢看"，还有另一个稍加改动的版本——"花楸树和红丝线，女巫看见就逃窜"。苏格兰国王詹姆斯六世（同时也是英格兰国王詹姆斯一世）的众多兴趣之一就是巫术，他在研究鬼神学时写道，人们往往用花楸的小枝条编织成各种物品以抵御邪恶之眼，这种做法流行多年。花楸树枝总是被绑在壁炉台和过梁上，而孩子和年轻少女会将花楸浆果穿成项链。对于生活在农场的家庭来说，他们会在女巫威胁最严重的日子里，为马匹甚至其他牲畜戴上用花楸做成的装饰花环，这些日子是凯尔特传统历法公认的危险日子，比如五月节前夕、夏至和冬

●女巫与花楸树

至、春分和秋分。

作为花园里的守卫，花楸树与这家人一起成长，守护着每一代人的安宁，一首流行歌曲向花楸树表达了感激之情：

> 噢！花楸树！噢！花楸树！
> 我是多么爱你，
> 用你的枝条扎出许多结，
> 绑在马颈轭和婴儿身上。

卡洛琳·奥利芬特（Caroline Oliphant）的民间歌谣让人想起令人安心的花楸树在一个虔诚的家庭中激发出的"神圣思想"，这样的家庭每天都穿插着祈祷和赞美诗。佩戴用花楸制作的十字架是民间传统与基督教的结合，面对即将到来的危险，这是双重保险。

花楸木的保护能力让它成为摇篮和拐杖的最佳材料，为家中最容易受到伤害的成员提供额外防护。这种木材坚硬且有弹性，所以很适合为小型帆船制作桅杆。除了实用性这一优点，人们还希望花楸木能够保佑船上的人旅途平安。母牛也特别让人费心，于是花楸被用来搅拌牛乳和加固搅乳器，以防牛乳凝结。甚至有人担心，某个机巧的女巫能够操纵一条牛毛制成的绳索，从别人的母牛那里窃取牛奶来做自己的奶酪，对此的防范措施是用红丝线将一根花楸小枝挂在牛栏上。

关于花楸树的民间传统，许多都是通过感兴趣的观察者撰写的报告流传至今的，这些作者常常将它们写成过去根深蒂固的乡村习俗，离奇有趣并略显荒谬。在广泛调查了农业技术的《苏格兰统计报告》中，阿尔布斯特的约翰·辛克莱爵士记载了柯尔库布里附近的养牛场使用花楸驱赶小精灵的做法。从约翰爵士关心的农业技术方面来看，这种做法是中世纪迷信的残留，很快就会在现代启蒙运动和实用农业技术改良的双重影响下消失，沦为虚无缥缈的民间记忆。他确实渴望实现现代化，而且很容易看出他为什么这样想，因为在此前女巫审判刚刚结束的这段时期，对黑魔法的怀疑似乎十分不合时宜。而更深层的原因是，老一代人和新一代人文化语言之间的鸿沟。由父母向儿女传递的传统往往并未被最理解它们的人记录，最终只存在于那些对它们真实意义不甚了了的人口中。局外人当然可以轻松地嘲笑关于花楸树的观念，或者奚落它们是老掉牙的故事，但是如果我们愿意倾听，树木仍然能够告诉我们有价值的东西。

毕竟，怀疑母牛乳房中的牛乳被偷和担心停在外面过夜的汽车被偷走汽油或者导航系统，并没有太大不同。我们对糟糕的邻居感到恐惧，或是对我们每天都见到但并不真正了解的面孔背后可能隐藏的威胁产生淡淡的不适感，这些都不新鲜。随着时间流逝，在黑夜的掩护之下可能会发生不同的情况，但由于某种逼近的、令人不安的未知凶险而产生的威胁感，或许从未有过改变。对于新生儿以及无法再照料自己的亲属的焦虑，从古至今基本没有变过。在没有警报按钮，而且即使发生了最坏的情况也没有急救服务的社群中，对某种安全感的渴望是很容易理解的。大规模的灾难，或者只是意外的灾难，可以引发一系列强烈的情绪，但往往需要弄清楚发生了什么，找到一些原因或解释，是恢复控制的压倒性愿望的一部分。对女巫的恐惧，可能是表达了对未知的忐忑，以及对意外发生的愤怒，这让花楸同时扮演了早期保险合同和起诉目击证人的角色。按照传统，花楸是作为一种防止所有坏事发生的预防措施种植的，但这种保护性角色暗示了人们对周围危险的敏感，以及迅速建立防御的急迫需求。

在苏格兰民俗研究著作《银枝》中，玛丽安·麦克尼尔（Marian Macneill）满怀悲悯地记录了许多与花楸树有关的观点，但其中最动人的思考是关于这种树无力抵御的危险。这种危险不是女巫，而是"更可怕的敌人"——地产经纪人，他们的目标是从最贫瘠的土地中榨取最大的利润。随着苏格兰高地的小农被清理出去，当地人开始成千上万地迁徙，留下房子、牛栏和守卫他们的树，为那些决定改良技术的开明地主腾出空间，供他们大规模地养羊。玛丽安·麦克尼尔观察到，"从斯凯岛到安格斯，在许多被遗弃的峡谷中，花楸树悲哀地矗立在没有屋顶的村舍旁，每年秋天变成红色，仿佛是在为苏格兰历史上最大的污点之一感到羞耻"。

对花楸树保护力的渴望，以及对这种保护可能不够强大的担忧大大拉近了这种神秘的树与民居之间的距离。曾生活在苏格兰乡村地区遗弃村舍中的人所面临的威胁，我们大多数人不会面临，但每个人都有自己的恐惧。在备受赞誉的童书《墓园低语》中，特里萨·布雷斯林（Theresa Breslin）挖掘出关于花楸树的古老信仰仍与现代生活有着惊人的相通之处。故事里孤独的年轻叙述者所罗门患有未诊断出的阅读障碍症，每天都被那些没有同情心的老师羞辱。对他而言，"家"意味着想念自己离家出走的母亲与极力躲避酗酒父亲的虐待。所罗门唯一的避难所是一片废弃的教堂墓园，里面布满安静的坟墓，还有一棵老花楸树。地方议会派工人前来清除这棵树，导致主人公遭遇了许多恐怖的经历。接下来，这棵花楸树如人们相信的那样发挥了抵御邪恶力量的作用。但这是个非常现代的故事，它的内核是一个孩子在可怕的世界里无比需要一处避风港。这个男孩用敏锐的洞察力打开了一片想象空间，并在里面重新发现了一种与现代通用语完全不同的语言，从而得到了无法用其他语言表达的真相。花楸拥有保护力这一古老的希冀与极为现代的故事背景构成强烈的对比，揭示出了被抛弃的恐怖体验以及青少年的无力感。

搬到新房子后就想种一棵花楸树，也许会让人觉得迷信又过时，但其实这只是理性地承认安全场所是人们的基本需求。所以，城市街道和居住区里的那些观赏树与偏僻的苏格兰山丘上的野生花楸树并没有太大区别。难道不是每个人都想要一个秘密的藏身之处吗？这个地方没有任何威胁，一切都得到滋养，并被充满爱意地照料，孩子可以玩耍，爱人可以相约，而祖父母可以安安稳稳地晒太阳。谁会想要拔除一棵花楸树，去毁掉这一切呢？

油橄榄

　　我见过的最大的油橄榄果，漂浮在一杯混合着汤力水的杜松子酒中。也许是玻璃杯和记忆的原因，它在某种程度上被放大了，却牢牢地扎根在我的脑海中，成为此后我衡量所有橄榄的标准。这颗华丽的、发光的卵形果实产自意大利，而我是在托斯卡纳区的古镇圣塞波尔克罗碰见它的，我在那里逗留了好几天，参加姐姐的婚礼。从那以后，大小、形状、成熟度和来源各异的橄榄在英国超市成为常见之物，但是作为 20 世纪 80 年代的学生，此前我对橄榄的体验仅限于那些从盐水玻璃罐头里拿出来的软绵绵的橄榄。那颗浸泡在杜松子酒里的托斯卡纳橄榄是都市精致生活的象征，因为我从那一刻就知道，生活再也不一样了。即使到了现在这个橄榄唾手可得的时代，在它们肥厚的果肉和不打折扣的微妙味道中，仍然有着某种令人激动的东西，令人想起南欧的温暖和独特。

　　油橄榄树拥有细长的叶片和青灰色的树干，对于生活在它们周围的人来说，这些树也许很普通，但它们孕育滋养了地中海文化。希腊火山岛圣托里尼岛的火山坑中曾经发掘出油橄榄花粉的化石，说明在大约 4000 年前那里就种有油橄榄树，不过驯化油橄榄的祖先可能起源于美索不达米亚。油橄榄树的生长速度较慢，但是一旦在适宜的条件下扎根，就会稳健地生长。就像在这种树下的干草地里筑巢的乌龟一样，油橄榄喜欢慢慢来。这是一种能够忍受灼热和干旱土壤的树，当其他植物可能枯萎死亡的时候，常绿的油橄榄沐浴在最明亮的阳光下，茂盛地生长在 40℃ 以上的气温中。从西班牙到叙利亚，从土耳其到突尼斯，银绿色的油橄榄布满尘土飞扬的山坡。它是地中海和中东的奇迹之树，从干燥脱水的土壤中产出果实、树叶、木材和丰富的油脂。

古希腊文明是伴随着油橄榄树发展起来的。正如帕特农神庙山墙饰上描绘的那样，这是一种献给智慧女神雅典娜的植物。据传，雅典的建立就取决于雅典娜种下的一棵油橄榄树，通过展示一颗小小的种子就能收获丰饶的好东西，她以智力战胜了自己的对手海神波塞冬。这个传说佐证了油橄榄树在古典时代的中心地位，它提供了食物、木材和燃料。相比今天穿着合体莱卡紧身衣的竞赛者，最初参加奥运会的古希腊运动员周身更加光滑，因为他们只在身上抹了一层橄榄油。最快、最强（到时候恐怕也是出最多汗）的运动员将佩戴一顶用野生油橄榄叶片编织的花冠。

雅典娜的树在《荷马史诗》中也扮演着重要角色。在史诗般的归途航行中，奥德修斯的行程总是被打断。但每到关键时刻，在神圣的橄榄帮助下他都会化险为夷。与河边洗衣服的瑙西卡和她的婢女相遇时，奥德修斯为了摆脱困境，在自己赤裸的身体上抹了大量橄榄油。不过在独眼巨人波吕斐摩斯的山洞里，是这种树木拯救了奥德修斯和他的手下。为了逃脱被吃掉的命运，奥德修斯设法拿到波吕斐摩斯巨大的橄榄木棒，放在火里烧得通红，然后将它刺进独眼巨人的眼睛里。这件事引起了神灵的注意，对他来说既是幸运也是不幸。

当奥德修斯终于回到家时，他看到了港湾入口处那棵叶片狭长的长寿橄榄树，和他 20 年前扬帆离家时相比几乎没有变化。在伊萨卡岛上这棵神圣的树下，他设计了一套重新夺回自己的王国和王后的计划。而在珀涅罗珀的所有追求者都被彻底击败之后，是一棵古老的橄榄树促成了夫妻二人最终的团圆。面对自己耐心但一向谨慎的妻子，奥德修斯说出了他们婚床的秘密，得以证明自己的真实身份。这张床是他在建造整座王宫的几年前制造的，他砍掉了一棵橄榄树的枝叶，磨光它的树干制作床柱，然后用金银做装饰。

这种木材的芳香气味和易于车床加工的特点让它很受木匠欢迎。橄榄木超凡脱俗的颜色，从卵石形状的木瘤向外荡开的浓郁棕色木纹，为它赋予了一种罕见的流动感。一块抛光的老橄榄木就像是旋涡的秘密入口，表面风平浪静，内部却暗流涌动。技艺高超的雕刻者十分珍视这些金色木纹，在上面雕刻出的作品会拥有自然的律动。所罗门神殿里至圣所的门，以及守护着最神圣的内殿的一对小天使，都是用这种木材制造的。

在古代地中海社会，油橄榄树最被珍视的就是它的油脂。当杰拉尔德·曼利·霍普金斯（Gerard Manley Hopkins）寻找用来表达神之庄严的词汇时，他说神圣的光辉增长得"甚为伟大，像压榨出的油脂"，但是他的想象力是浸淫在经典和宗教学说中的。这种细腻、丝滑、纯净的物质是献给希腊和罗马诸神的，在祭神仪式上大量倾倒在武士和祭司身上。油橄榄树在伊斯兰世界也是神圣的，因为人们认为它的果实生产出的金色半透明油脂反射出了真主神性的光芒。催生这种想法的，可能是从橄榄油中穿过的熠熠生辉的阳光，或者是油灯明亮的火焰。《新约》中，一盏橄榄油灯燃烧着和缓却坚定的火焰，是神圣之物或者忠诚者耐心准备的象征。在 10 个童女迎接耶稣降世的隐喻里，聪明的童女将油灯添满，愚蠢的童女却没有这样做。

橄榄油非常易燃，而且火焰很明亮，我亲自验证了这一点，将少量橄榄油倒进一个鸡蛋杯，然后把一根卷成管状的纸板竖在中央。让我惊讶的是，浸透橄榄油的纸板立刻燃烧起来，产生了一股底部为蓝色的漂亮火苗。确认实验成功之后，我试着将一个简易的玻璃罩扣在它上面，这个动作立刻熄灭了火苗，熏黑了玻璃，烫到了我的手指。尽管如此，也很容易看出慷慨地提供温暖和明亮的油橄榄树为什么总是被视为神明的赐福。

作为古代世界的液体黄金，橄榄油填满了克诺索斯和迦太基的保险柜，也为罗马的扩张提供了资金。凡是商人和军队所到之处，橄榄树都会紧随而至（不过罗马帝国的北部疆域通常不适宜种植这些热爱阳光的树种）。橄榄种植是古代最伟大、最持久的遗产之一，

●《聪明的童女》，约翰·埃弗里特·密莱司 绘

至今仍然在南欧经济中占有相当大的比重。全世界橄榄产量最高的国家是西班牙，不过意大利、希腊、土耳其和摩洛哥都在世界橄榄市场中占有举足轻重的份额。

在整个地中海地区，橄榄树在庞大的种植园里排成矩阵，令人想起它们的古罗马祖先，不过比较年轻的树轻盈娇小，细长的树冠生机勃勃，形状不太规则，看上去更像是个尊巴舞培训班而不是阅兵式。克罗地亚的橄榄林中散布着形状像顶针的小型石头建筑，带有漂亮的斜坡屋顶和小小的门，令人很容易把它们想象成隐士、睿智的妇人或者已被现代文明遗忘的某种神话生物的居所。这些小石头房子是农业仓库，被称为"kazuni"，几千年来基本没有变化。据传，但丁在穿越克罗地亚的旅途中曾经睡在一座这样的仓库里。在意大利南部的亚得里亚海地区，古老的橄榄林环绕着更加古怪的圆形建筑，名为"trulli"，有着巫师帽形状的屋顶，与拥有银色树冠、皱缩树皮的橄榄树十分相称。

地中海的橄榄收获季在 11 月至 12 月间，至今仍然是一件大事。先采摘的是没有完全成熟的青橄榄，剩下的再生长几周，直到它们变成红葡萄酒一样的颜色。橄榄油源于这些成熟的深紫色果实，它们被秋天的阳光晒得发软且微甜。在西班牙的重要橄榄产区安达卢西亚，最受欢迎的榨油品种是锥形的"皮夸尔"橄榄。在许多地区，最好的橄榄仍然是手工采摘的，并使用专门设计的网和篮子，以免碰伤果实。这当然极为耗费人工，而且好像很过时，但种植商们按照传统方法在他们的橄榄林上耗费大量精力，是因其实用性和经济性。意大利的官方机构建议农民不要击打橄榄树，倒不是出于宗教禁忌，而是因为这样的暴力行为会影响第二年的收成。要想让生长缓慢的橄榄树大丰收，必须眼光长远。不过，有些农民的确会使用机械摇动器，让他们的橄榄树随着果实的纷纷掉落而战栗。

橄榄果可以在盐水中储藏很长时间，不过浸泡时长在地中海地区各不相同。未成熟的青橄榄还需要用水和草木灰对其中的苦味进行预处理。黑橄榄通常泡在醋里，或者晾干后埋在盐里，例如希腊的多汁品种"卡拉马塔"。榨油时，必须先将果实压碎取得果肉，再进行压榨。随着橄榄油从水汪汪的果浆中分离出来，新鲜橄榄中含有的大量苦味葡萄糖苷也被去除了。现代磨坊使用蒸汽压榨机能迅速高效地完成这项工作，但是千百年来，橄榄果都是被巨大的石碾压碎的，由一头步伐缓慢的骡子绕着石碾一圈一圈地走以提供动力。"初榨橄榄油"意味着压榨过程中没有添加任何化学成分，而"特级初榨橄榄油"指的是酸度最低、品质最高的橄榄油。

地中海饮食几乎是橄榄油的同义词，因为这种滋味美妙的油无处不在，沙拉、蛋糕、烘焙食品，以及炸鱼、烤鱼中都有。橄榄果的用途也非常广泛，可以作为烘焙面包的原料、制成蒜末烤面包片的酱料、撒在比萨上、填进辣椒或者放入鸡尾酒中。虽然不难理解温暖的阳光和减少压力的午睡为什么有助于延长寿命，但是与地中海生活方式联系紧密的身体良好状态很可能是无处不在的橄榄树带来的直接影响。作为单一不饱和油脂的天然来源，橄榄油能够降低胆固醇和血压。与此同时，它还含有丰富的抗氧化剂。富含橄榄油的膳食会降低罹患心脏病、中风甚至某些癌症的风险。橄榄油还能迅速除耳垢，达到清洁耳道、提升听力的效果。

油橄榄树代表着健康和长寿，它们环绕着蔚蓝的地中海，营造出一种令人安心的氛围。长寿与宁静似乎体现在这些常见的树木上。对于来自欧洲北部的旅行者来说，橄榄树首先是《圣经》或古典文献中的形象，与它们的初次真实接触常常让这些人情难自抑。丁尼生被加尔达湖古罗马遗迹旁边的橄榄树深深打动，自从诗人卡图卢斯在大约 2000 年前描述过它们之后，这些树就基本没变过。古人已逝，他们的别墅只剩下断壁残垣，但"亲爱的卡图卢斯那西勒米奥岛上银色的橄榄树"仍然和以往一样生机勃勃。

那些据说从古代就一直长在同一个地方的橄榄树的确存在。在整个地中海地区，分布着许多活了1000多年的橄榄树。葡萄牙最古老的橄榄树位于洛里什市的圣伊里娅德阿佐亚，寿命超过2700年，与古希腊同时期存在。意大利的普利亚区拥有数千棵古橄榄树（很多树至少有1200岁），每一棵都被卫星地图精心记录，可以说是现代和古代的完美结合。

　　作为铁托元帅建造自己夏宫的地方，亚得里亚海上的布里俄尼岛藏着各种各样令人吃惊的东西。从保留至今的照片上可以看出，这位南斯拉夫总统在这里招待了很多同时代的政界要人，包括尼赫鲁、纳赛尔、伯顿和泰勒等。按照习俗，远道而来的贵客会从自己的家乡带来特别的礼物，于是岛上的动物园里有一群斑马、一只巨大的龟，甚至还有英迪拉·甘地赠送的一头大象，这些动物现在都已经十分年迈了。岛上最著名的老居民，也是身躯最庞大的生物，就是那棵古老的橄榄树了。当地人传说，这棵树是古罗马人种植的。这个说法或多或少地得到了证实，根据最近碳定年法测出的结果，它至少有1600岁。

　　这棵令人赞叹的古树会根据你站立的角度不同而呈现出不同的面貌。从一边看过去，它是力量和自我控制的典范，粗壮的树干支撑着挺拔、庞大的树冠，树冠不对称地伸展在一个平台上方，根本看不出它是怎么维持平衡的，还像一朵庞大的绿云一样宁静安详。当你绕到这棵树的另一边，会发现情况就不怎么好了，一根巨大的分枝落在地上，中间还是开裂的。然而，这根破裂的大树枝依然开枝散叶，从它上面长出的枝条比你在陆地上见到的许多橄榄树还大。橄榄树拥有令人惊叹的再生能力，在这些像凤凰一样的树被夷为平地之后，它们羽毛般的树叶有时会再次腾空而起，茁壮地生长起来。

　　一棵古老的油橄榄树的树干看上去像一片石化了的河流三角洲，底部大大加宽并扎进泥土，让人觉得它也许永远不会倒下。一些古树的树干是明显的灰色，而且无比光滑，更像是巨大的圆石，另一些古树的树干却十分扭曲，仿佛是被古代的神明拧进地里似的。在古代，橄榄树以经得住命运的考验而著称，这一点明显地体现在关于橄榄树和芦苇的《伊索寓言》中。在这则寓言中，橄榄树以自己的长寿和一直以来的舆论评价为豪，非常瞧不起芦苇跟随每一阵风摇摆不定的秉性。当一场极为猛烈的风暴袭来，局势瞬间翻转，适应能力强的芦苇跟随每一阵强风弯曲自己的身体，毫发无损地生存下来，可怜的老橄榄树却在暴风中折断了。

既然橄榄树矗立在原地的能力如此为人称道，那么目前有一种现象就显得很奇怪了。即便是最古老的橄榄树，也很有可能被移植到别处去。如果没有种上一棵形状古怪的橄榄树，任何一座时髦的别墅都是不完整的，于是这些毫无防备的老居民经常被连根挖出它们熟悉的环境，然后作为引人注目的花园景致被重新种植。拥有1000多年寿命的西班牙古树就这样乘船横渡大西洋或被直升机吊起，前往欧洲和中东各地的富人豪宅。庞大、沉重得无法走陆路的古橄榄树运输的确引起了一些严重质疑，这到底是经济危机下苦苦挣扎的西班牙农民们的合法收入来源，还是一种文化破坏行为？这些树十分珍贵，甚至出现了非法的橄榄树绑架交易。守卫者们常常宣称自己的行动是出于环保动机，但当某个古老的乡村栖息地受到新开发项目的威胁时，橄榄树的运输者们实施的可能是一次救援，而不是劫掠。

尽管如此，土耳其最古老的橄榄树被移植到安塔利亚的事仍然引发了很大争议。这棵古树在公元1071年扎根于爱琴海沿海的伊兹密尔省。关于古树移栽的决定是在安塔利亚植物学中心举办的2016年国际展览上做出的，但这棵粗壮、高大的老树被一台高大的橙色起重机粗暴地拽出地面的场景还是引起了人们普遍的担忧。不过，橄榄树具有极强的适应性，只要小心挖掘并加以适当的修剪，它们坚强的根往往能够经受住移栽过程中的磨难。如果说这让伊索的寓言显得不那么有说服力的话，它至少还带来了一些希望，那就是目前移栽古树的风潮不会对它们造成致命的伤害。

在冲突频发的地区，橄榄树扎根或是拔除还会引发强烈的政治情愫。一首巴勒斯坦现代抗议歌曲将它的人民形容为"连根拔起，就像我们的橄榄树一样"。对于以色列人而言，橄榄树象征着他们的国家，以至于"二战"后成立的现代以色列国的国徽中，七盏烛台的周围还有橄榄叶图案。《旧约》中的橄榄山位于耶路撒冷城东的高地山脊上，其重要性不言而喻。

不知在一座分裂城市中的生活体验是否为贝尔法斯特诗人夏兰·卡森提供了创作素材，但是在《拼凑》这首诗中，他回忆了家乡的破碎景象，以及他父亲的"橄榄核念珠 / 它们来自橄榄山，他总是用手指拨动它们，已经有几十年之久 / 我觉得肯定掉落了那么一两颗"。同时代的北爱尔兰诗人痛苦地接受了橄榄枝的象征性。在献给年仅 22 岁就在西班牙内战中阵亡的爱尔兰诗人查尔斯·唐纳利的动人挽歌中，迈克尔·朗利（Michael Longley）想象了这个年轻人临死前的场景：他从尘土中捡起一串橄榄，将它们捏碎，"理解呻吟和尖叫，以及巨大的抽象 / 通过平静地说：'就连橄榄也在流血。'"然而这种树继续在他的葬身之地上生长，长出新鲜的木材、果实和树枝。就像卡森想象中那串残缺的橄榄核念珠一样，这棵西班牙橄榄树的阴影令人想起橄榄树与和平的古老意义关联，充满着讽刺意味。

人类文化史上，油橄榄最著名的亮相是在《旧约》里。随着大洪水逐渐消退，一只白鸽落在诺亚方舟上，还带来了一根橄榄枝。一根带有橄榄叶的小枝条，这是世界复苏的第一个迹象，代表着上帝的宽恕，代表着一个比过去更幸运、更和平的未来。幸好，这种树的叶片很容易辨别，于是带有 V 形细长叶片的橄榄枝图案成了国

●鸽子与橄榄枝

际通用的希望与和平的象征。在这种树下，地球上的所有国家为了全人类的共同利益齐聚一堂，试图维持最宝贵的状态 —— 和平。

在联合国将橄榄枝作为标志之前，这种树在宗教和政治图腾中早已是和平的象征。在《安东尼与克莱奥帕特拉》中，莎士比亚笔下获得胜利的罗马皇帝在亚克兴战役结束后带来了"世界和平"的消息，宣布"世界的每一个角落都将结满橄榄"。这个来自《圣经》的比喻还出现在《亨利四世》下篇中，威斯特摩兰伯爵在叛乱失败后感叹，"和平将她的橄榄撒向每个地方"。这样的场景不只是和平鸽带来的一根小枝条，而是一棵茂盛的橄榄树，代表着健康、繁荣和神的恩典。同样，先例又是《圣经》，在《诗篇》第 52 篇中，大卫对神带来的安全感表示了谢意，"至于我就像神殿中的青橄榄树：我仰仗神的慈爱，直到永远"。英国内战后，国会议员利用这个古代象征强调克伦威尔的教名蕴含的和平之意。当时铸造了一种表示忠诚的像章，一面印着奥利弗（Oliver，克伦威尔的教名）本人，另一面印着一根橄榄枝，而印刷出来的政治宣传画里，象征着神授和平的茂盛橄榄树环绕着这位护国公。当然，这些东西在反抗他的地区不是很受欢迎，爱尔兰的很多人认为克伦威尔的橄榄枝看上去扭曲得非常怪异。

胜利的一方更自然地对代表和平的橄榄树充满感激。在庆祝和平的假象时（后来的历史证明，这只是一场笼罩欧洲 20 多年斗争阴影的短暂中断），詹姆斯·亨利·利·亨特（James Henry Leigh Hunt）将和平比作一株神圣的植物：

> 最最神圣的橄榄，噢，从未见过
> 如此迷人的花朵，如此碧绿的青翠！

拜伦勋爵在拿破仑最终战败后开始写作，对饱受创伤、一贫如洗的战后世界就没有那么乐观了，并倾向于以讽刺手法运用橄榄枝这一抚慰人心的传统象征。在他精彩绝伦的长诗《唐璜》中，和奥德修斯截然不同的主人公发现自己在一艘小船上漂流了许多天，船上还有几个饥肠辘辘、严重脱水、危在旦夕的同伴。最终，一只美丽的白色鸟儿出现在他们的视野中，这似乎是个好兆头，但是诗人笔下

这位刻薄的主人公依然悲观。"这只代表希望的鸟儿并未落下",他观察到,然后提醒我们这些船员有多饥饿:

> 如果它是来自诺亚方舟的那只鸽子,
>
> 刚刚完成搜索任务,正在返回的路上,
>
> 要是它刚刚碰巧落到这艘船上,
>
> 他们肯定会把它吃掉,橄榄枝也一起嚼。(第二章,95)

对于陷入绝境的一方而言,和平的象征还不够,他们也不一定屈服于不可预测的历史进程。在拿破仑如日中天时,卡诺瓦曾将拿破仑的形象雕刻成作为和平缔造者的战神,这座赤裸的雕像摆出战神的经典姿态,收在鞘中的剑挂在附近的一棵橄榄树上。然而在滑铁卢战役之后,当这座雕像被威灵顿公爵收入囊中时,它突然具有了某种讽刺意味。此时,拿破仑这位战神的模特正在前往流放地圣赫勒拿岛的漫长航行中,而他身后的欧洲种植着橄榄林。

拿破仑被击败后,他的许多重要支持者纷纷出逃,跨越大西洋来到美国,希望找到一片安全的避难所。美国国会允许他们定居在亚拉巴马州,从事栽培葡萄和油橄榄树的和平事业。不幸的是,那里的气候不适合这两种备受尊崇且利润丰厚的地中海植物生长,于是定居地的状况和这些树一样每况愈下。19世纪后期,人们发现加利福尼亚中部温暖的石灰岩谷地为年轻橄榄树提供了更适宜的生长环境。如今,几乎所有在美国种植的橄榄都来自那里。

人们都很想种植油橄榄。随着全球变暖的趋势不可逆转,英国那些富于创造性的园艺中心很快就在不断上升的气温中看到了商机,开始鼓励顾客选择地中海主题的园景。在过去大约10年的时间里,时髦的园艺改造项目总是习惯性地加入小型橄榄树,这些小树种在意大利风格的方形石头花盆里,显得非常优雅。不是所有这些橄榄

● 《作为和平缔造者的战神拿破仑》，安东尼奥·卡诺瓦

树都能在 11 月的大风、倾盆大雨，或者英国冬天有时会出现的深厚积雪中茁壮生长，缺少持续光照的 7 月和 8 月才是它们真正的难关。无论这些顶部像绒球一样的细长树苗能否长成大树，种植它们这件事本身都已经彰显了一种英雄主义的冲动——将最不可能的地方变成地中海富饶之地。油橄榄树的英文名字 olive 源于拉丁语单词 oliva，可以拆成介于命令和恳求之间意味的一句话："O live!"（"噢，活下去吧！"）

无论橄榄树在历史上被怎样使用、滥用和误用，它都是希望的象征。即使是在冲突最激烈的地区，它漫长的寿命也能持续不断地给人带来安全感，它出色的生命力也能滋养对未来的希望。在最早的人类记录出现之前，这种树就已经在中东生长了，而它在未来几千年里继续存活的能力也毋庸置疑。即使一棵橄榄树被烤焦烧毁，它仍然能够抽出新鲜的枝条，开始一段新生命。

柏树

在佛罗伦萨的山丘中游览时，任何人都会被通向菲耶索莱的道路上的那些像哨兵一样矗立的纤细、黝黑的树木击中。柏树的神秘形象点缀在小汽车和大巴车的长龙中，不禁令人遐想。离开托斯卡纳区这个文艺复兴时期城邦国家的密集街道和令人窒息的闷热，步伐缓慢地爬上山，得以安静地拓宽视野，逐渐感觉到这是一个难以捉摸的古老地方。来自伊特鲁里亚文明无法辨认的人物，长眠在这些柏树的墨绿色纹理之下，这些树静止不动，且毫无变化。在意大利，人们种植柏树是为了让炎热夏日里有时略显陈腐的空气变得新鲜一些，但是伴随着香气而来的，是一种快要被遗忘的东西，一种许久之前的悲伤。意大利柏木的拉丁名 *Cupressus sempervirens*，意为永生，但它是一种殡葬用树。

在整个欧洲和中东，柏树都种在墓地里，在相邻的坟墓之间形成一个个常青的圆柱。在日本，柏木用来制造棺材和神龛。火焰形状的柏树庄严肃穆，出现在印度的神庙里也很合适，而它们气味浓烈的木材在火化柴堆中必不可少，能够缓和燃烧皮肉产生的刺鼻气味。柏木释放出的强烈香气一直被认为有助于亡灵找到升天的路，而我们现在已经知道，它会散发一种天然杀菌剂，起到清洁大气和保护哀悼者的作用。在英国，这些树也总是让人产生阴郁的联想，它们被视为死亡的象征，因而无人修剪。即使到了今天，一行"劳森柏"（美国扁柏）被 1 月疾风狂吹的景象，也很容易让人想起一队走在街上孤独伶仃的老阿姨，裹着厚厚的外套，准备入住养老院。

柏树坚韧的木材以持久耐用而闻名。柏拉图的《法律篇》雕刻在柏木制成的平板上，之所以选择这种木材，就是看中了它的长寿和庄严。柏木还用来建造横跨幼发拉底河的大桥，以及罗马圣彼得大教堂的大门。这种树甚至被认为是《圣经》中建造诺亚方舟时使用的歌斐木，不得不承认这在词源学上倒是有可能。最重要的是，它是和死亡本身一样长久的木材，希腊英雄的尸体被封装在柏木里，古埃及人用柏木制作盛放木乃伊的箱子。

柏树总是充满了悲伤的色彩。在奥维德讲述的一个故事中，这种树前世是一个美丽的少年，名叫库帕里索斯（Cyparissus；柏树英文为 cypress），深受神明阿波罗的喜爱。而库帕里索斯则迷恋一头美丽的雄鹿，他用鲜红色的缰绳驾驭它，还用鲜花装饰它金色的鹿角。在一个夏日，当这头雄鹿在浓荫下乘凉避暑时，正在练习标枪的库帕里索斯不小心射死了它。少年心碎欲绝，无比震惊于自己的亲手所为，以至于头发都竖起来。随着伤心的哭泣，他所有的鲜血从脸上流尽，直到变成一棵深绿色的树。阿波罗为库帕里索斯感到悲痛，这个少年命中注定要永远悲泣，成为哀悼者的陪伴。

多灾多难的艺术家常常被柏树吸引。在爱德华·蒙克（Edvard Munch）令人不安的画作《耶稣受难地》中，一群噩梦般的面庞没有朝向受难的耶稣，而是向外盯着看画的人，画面左侧矗立着两棵神秘的柏树，与右上方的十字架完全平行，但是看上去一点也没有暗示耶稣复活的意味。在保罗·纳什（Paul Nash）的晚期画作《春分景观》中，也看不到任何春天的迹象，尽管它充满了几何秩序，还有太阳和月亮的神秘结合，但画面的前景却被一棵不祥的柏树占据着，它孤零零地矗立在那儿，像是一座黑暗的方尖碑。死亡从未出现在阿卡迪亚，而这棵柏树仍然作为它在自然界的化身存在着。

在自杀前的几个月，凡·高创作了《有丝柏的道路》，画面中一棵巨大的柏树高耸在一对很小的人后面，仿佛在嘲笑他们小小的铁

● 《有丝柏的道路》，文森特·凡·高

锹和轻快的步伐，而这两个人都不敢回头看这棵高大的树。这幅画
令人想起凡·高在 1889 年夏天那炫目阳光下创造出的杰作，当时
他住在法国南部的一家精神病院里。在他的著名画作《星月夜》和
《麦田》中，搅动着旋涡的天空、浓重而明亮的星星以及鲜丽明艳的

色彩，都被黑暗的柏树那摇曳的身形穿透。凡·高向弟弟特奥解释道，柏树是"阳光普照的大地上的黑暗区域"，但是他也折服于这种树在风景中弹奏"最有趣的黑暗音符之一"的强大能力。柏树与凡·高对话时，凡·高似乎处于创造力最强也最受折磨的状态。或许通过在画布上描绘柏树的形态，他得以驱逐一些自己的心魔。

柏木能够发出响亮的乐声，这进一步增强了它的庄重感。它是制作教堂管风琴和其他乐器的好材料，不只是因为它特别不易感染真菌和蛀虫，还因为它的天然形状适合制作长而光滑的管子。当一棵成年柏树的浓密枝叶不再紧紧贴在树皮上，带着笔直分枝的裸露树干看上去很像一架管风琴。不过，一棵有生命的树演奏的音乐更像是一声叹息，而不是一首赞歌。

在浪漫主义时期，柏树变成了忧愁的代名词。在为天才少年诗人、年仅18岁就自杀身亡的托马斯·查特顿撰写的挽歌中，塞缪尔·泰勒·柯勒律治思索着这位年轻的天才如何独自在埃文河畔徜徉，并为他编织出想象中的"柏树花环"。珀西·比希·雪莱的《阿拉斯特，或寂寞的精灵》描绘了一位年轻的英雄诗人在奇妙的东方大地上漫游，最后他英年早逝，死在一片极为偏僻的荒野，没有"悲泣的花"，也没有"献纳的柏树花环"。类似的风格，但激情稍逊一些的诗还有伯纳德·巴顿的《致柏树》，宣称"哀悼者热爱柏树"。而更加没有名气的吟游诗人乔治·达利以同样的主题写了一首十四行诗，真心实意地呼喊道："噢，忧郁的树！"难怪拜伦笔下魅力难挡的、无缘无故的反叛者恰尔德·哈罗德自我放逐，会在地中海的柏树林中寻找慰藉，让自己忘却那些使他逐渐远离故土的东西。托马斯·洛夫·皮科克（Thomas Love Peacock）笔调轻松活泼的小说《噩梦修道院》讽刺了当时流行的自我迷恋，里面也出现了这种忧郁的树，这不足为奇。皮科克夸张地讽刺拜伦勋爵时，不需要借助蓬松的额发、卷曲的嘴唇和飘逸的斗篷，只是将自己笔下的喜剧角色称为"柏树先生"。

对于拜伦和他同时代的人来说，柏树是地中海和中东地区的标志性树木。柏树的不同种类自然分布于每一座大陆，它是如此国际化的少数树种之一。随着欧洲殖民者在美洲大陆上向西扩展地盘，他们在俄勒冈州发现了"蒙特利柏"（大果柏木），在阿拉斯加发现了"努特卡柏"（黄扁柏），都比它们的意大利表亲更大，树形却没有那么紧凑。在佛罗里达和路易斯安那的沼泽中，一种华丽的柏树矗立在阴冷潮湿的水里。它的根很显然不愿意被淹在水里，向上长出高高的、形状奇怪的东西，所以这种树有自己的尖刺防御圈。与其他柏树都不同，这种沼泽巨树是落叶的，因此得到了一个相当没有英雄气概的名字——秃柏（落羽杉）。关于它是不是一种真正的柏树，或者只是顶着柏树的名字，还没有定论。在太平洋的另一端，

●将这棵柏树移栽到因弗雷斯

中国中部的垂丝柏、日本的日本扁柏和日本花柏也具有这样的争议性。在非洲的沙漠、澳大利亚的内陆、墨西哥的戈壁和智利的河岸，只要是有植物学家的地方，似乎都会有一种新的柏树。

来自世界各地不同种类的柏树自 19 世纪引入英国后聚集在一起，并进行杂交。现在无处不在的莱兰柏就是一株大果柏木和一株黄扁柏的后代，这两株柏树先后来到威尔士的波厄斯郡庄园，并得到了精心照料。当下一个继承人继承了这座庄园和莱兰这个姓氏时，他将这株新培育的杂交树移植到了自己位于哈格斯顿城堡的诺森伯兰郡庄园，而其余的柏树都成为历史了。维多利亚时代的植物猎手和育种家因他们找到和培育的树木而永垂不朽，就像库帕里索斯一样，不过不像他那么不幸。几个现代品种的柏树名字均取自爱丁堡的劳森苗圃，这座苗圃有一位富于创造力的维多利亚时代的园丁，他意识到了人们对异域风情松柏的需求，并从中赚了一大笔钱，变得非常富有。

随着"常绿植物热"席卷 19 世纪的英国，公园和花园兴起。在爱丁堡，为了给韦弗利火车站腾出地方，"土丘"下面的老植物园不得不搬走。位于因弗雷斯的新园址为扩建提供了机会和更大的空间，不过这让后勤工作遇到了难题，比如名贵的植株妨碍了建造宏伟的新温室。这是一个野心勃勃的计划，园丁们并没有知难而退，他们用木头建造了一台大树专用运输车，配有货车车轮和一套滑轮系统。在一张留存至今的照片中，一大群穿着西装马甲的人正拖着它往前走，一棵巨大的柏树高高地竖立在车上。这群人的指挥是一位身材笔挺、戴着圆顶礼帽、穿着燕尾服的绅士，他可能是这座植物园的园长。而观众是一位身材丰满的女士，双手叉腰，显然对此表示怀疑。这棵巨大的柏树无疑是一流名树。

这也不足为奇，因为一棵茂盛的成年柏树是一道壮观的景致。如果种植时有足够的伸展空间，一棵柏树会长成一座略微弯曲的尖塔，骄傲地矗立在一面开阔的斜坡上，或者俯视着身下一群暗淡的落叶树。柏树常常是醒目、潇洒的树木，不过那羽状的叶片揭示了它更柔软的一面。在春天，某些种类会长出很多小小的洋红色花球，让深绿色的树叶蒙上一层意想不到的颜色。一些柏树叶闪烁着金边，而另一些则被溅上了淡淡的蓝，仿佛是一座被海水冲刷过的雾气朦胧的海角。在冬天，这些树无惧严寒，周边的树都落了叶子，它们仍是一身绿装。在"死亡之月"11 月，柏树仍然无愧于它的拉丁名 *sempervirens*（意为"常青的"），为栖息的鸟和小型野生动物提供了温暖、干燥、安全的避难所，让它们能够撑过后面几个黑暗且艰难的月份。

一株高大挺拔的柏树在恢宏的意大利花园中是一处引人注目的景观，但它也能适应更受拘束的城市空间，像屏风一样遮住难看的空心煤渣砖或令人尴尬的角落。肩并肩种植在一起的柏树形成了一道坚固的防风屏障，它们常常出现在高尔夫球场，仿佛一条巨大的蚯蚓趴在光滑的草坡上。在它们的保护下，乡村地区的住宅免遭繁忙公路或铁路的噪声侵扰，连续不断的车流和火车的喧闹会被浓郁的绿色枝叶掩盖。在污染更严重的市中心，柏树的香气有助于对抗有害烟尘，因此在 17 世纪瘟疫横行的伦敦，约翰·伊夫林建议使用这种木材制作房门和栅栏。这种气味的确非常强烈，如果你在 9 月末无意间从一棵柏树身边经过，会猝不及防地闻到一股芳香气味。

柏树最突出的特点是它非凡的增高能力，它每年可以长高 3 英尺甚至 4 英尺，这意味着对于那些想要遮挡巨大碍眼之物的人来说，柏树是完美的选择，除非你的眼中钉是邻居的骄傲和快乐。一个人亲手种植的绿色屏风可能是另一个人不断逼近的敌人。而一棵树既然能够在十年内长到 30 英尺高，就会继续增至 50 英尺、80 英尺，甚至 100 英尺。英国最高的莱兰柏在 2015 年 4 月的高度是 120 英尺，而且它仍然在生长。目前已知的最古老的意大利柏树矗立在伊朗，约 4000 年来它一直在长高，很难预测更年轻的杂交莱兰柏还会生长多久。所以，不是每个人都想让巨大的松柏在隔壁的院子里排列成行。

在 20 世纪 90 年代，莱兰柏的销售额飙升，如同这种树的高度。于是，这些庞大的树木和它们古老的血统如今常被当成一种麻烦，没有什么会比种下一行柏树苗更让新邻居反感。当妮可·基德曼在位于澳大利亚南部的新宅园里种下 150 棵柏树时，她就意识到了这一点。她甚至没有选择本土原产的柏树品种。苏格兰皇家银行前行长弗雷德·古德温在自己郁郁葱葱的院子周围种了一排高达 25 英尺的柏树，引发了邻居们与他的长期纠纷，直到其中一位邻居用一把电锯解决问题才得以告终。这场争执原本可能在法庭上判定出结果，因为苏格兰在 2013 年通过了一项新的《高树篱法案》。然而，拉纳克郡的一群业主在忍受一面越来越高的常绿树篱多年后控告他们的邻居，却发现法庭并不一定总是向着反对柏树的一方，最后的判决是这些耸立着的、高达 55 英尺的树必须截至 20 英尺。这注定是一个让双方都不满意的折中方案。

隐私权是否优先于采光权？英国的许多地方议会经常就如何对付一排讨厌的柏树（而不是它们的主人）提出建议，甚至还雇用了专门负责处理此类纷争的官员，这是为了在事态恶化到上法庭之前尽早解决。但在 2013 年，兰开夏郡的巴诺尔兹威克村发生了一件引人关注的案子，当事人是两个比邻而居的园丁。一位 39 岁的居民因殴打罪被起诉，因为他用软管朝邻居喷水，水流的冲击力让邻居从自家的折梯上摔了下来。被告在法庭上为自己辩护，说这完全是意外。但原告是在剪短被告长得非常高大的莱兰柏树篱时被喷水的，因此被告很难在所有合理怀疑之下免责。不过，这项判决后来又被推翻了。2003 年颁布的《反社会行为法案》不得不迅速修订，将此类争端囊括进来，律师们花了 18 个月才商定出"高树篱"的法律定义（高度超过 2 米的都属于过高的树篱）。柏树可能是如今最反社会的树木。

柏树曾经诱发过极端行为。林肯郡一位领养老金的退休人员人生中第一次刑事犯罪就是对柏树实施破坏。每天夜里，他都偷偷跑到邻居种的一排莱兰柏旁撒尿，结果它们再也没有那么美丽和茂盛了。对于这些健康的树来说，这是一场缓慢而且相当有味道的死亡，如果他没有被摄像头拍到的话，本来可以是一场完美谋杀。是什么诱发了这种无声的攻击，将一所花园，一个平静、和谐并适于沉思的休憩之地变成了战场？颜色幽暗、形态颇具异域风情的柏树可以被频繁地修剪，当愤怒的邻居挥舞着修枝剪时，一场小争执很快就会升级。与纵火、破坏公物或者普通人身侵犯相比，偷偷摸摸的午夜便溺算不了什么。

柏树是很好的分隔物。被它分开的不光是花园，还有观念。保护一些人隐私的东西冒犯了另一些人。激起盛怒的原因到底是什么？是因为它们会以最快的速度遮挡风景，还是它们的浓荫让邻居不得不在照明上花更多电费？这很可能要具体情况具体分析。也许人们讨厌柏树从周围的所有土壤中吸收精华，将它们视为霸凌者，或者贪心的暴食者，阻碍其他植物生长。抑或是其他什么更深刻的因素在起作用。

柏树或许是花园里的替罪羊，是微不足道但又无处不在的所有领土争端的牺牲品。但在它们庄严的外表下，是否隐藏着某种固有的恶作剧心理？随着岁月的累积，高傲的柏树是否会对显得越来越渺小的人类产生某种轻蔑？抬头凝视一棵高大的柏树，我们甚至能够捕捉到它的一丝讥笑或是一次傲慢自大的点头，因为我们为它付出了如此大的代价。若真是如此，这很可能是邻居即将来找麻烦的一种预兆。

不过，这些浓密高大的树木还是有某种东西带给人们内心的宁静。一棵年幼的细长柏树苗会长得十分迅速,成为所有风景中的主角。这些树无声地蚕食着我们的空间,威胁着我们的自我感。它们隐约出现在我们最不安的梦中,神秘莫测,略有不祥之感。它是餐桌上的不速之客,是笼罩着阿卡迪亚的阴影,是安全的花园中奏响的黑暗音符。这些散发着香味的永恒陪伴总是萦绕着那些我们隐约知道但又不敢承认的东西,化身为不可言说的恐惧。在所有的不安中,这些高大的、泰然自若的松柏宁静地矗立着,呈现出我们最绝望的心理投射,但仍保持着置身事外的漠然之感。

Lin

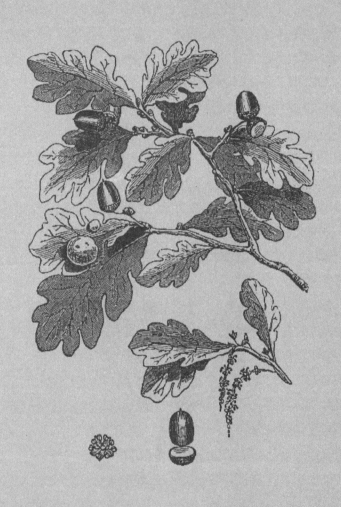

橡树

很多人都曾置身于某个"皇家橡树"店内，毕竟它是英国境内最流行的小酒馆名字之一，仅次于"红狮"和"皇冠"。不同的是，这个名字不只体现在招牌上，因为皇家橡树充斥在小酒馆的每一个角落。一旦走进去，你会发现自己靠着非常老旧却很有光泽的吧台，或者坐在窗下的座位，座位安装在贴有木板的墙壁上，面前是布满环状纹路的老木桌和一个开放式壁炉。换句话说，你完全被橡树包围了。一排排闪闪发光的黄铜马饰很可能固定在一套老式皮革马具上，人们曾经用橡树皮鞣制它，这样它能够在所有天气中正常使用。墙上贴着漂亮的插画，展现英格兰橡树下的浪漫邂逅或是橡树林里打猎的场景，也可能是一圈浅裂叶片和橡子环绕的装饰图案。如果你点上一品脱啤酒、一杯葡萄酒或一小杯威士忌，橡木桶渗出的单宁会加深它们独特的风味和浓郁的颜色。在写着"今日特色菜"的黑板上，大概会出现熏鲑鱼、奶酪、腌鱼或腌火腿，所有这些东西都可能是在传统烟熏室里腌制的，使用了最好的橡木锯末。橡树是英国文化中如此不可分割的一部分，以至于我们几乎意识不到它的存在。它就在那里，在我们的家里、公园里、公共建筑里、插画和画框里、奖章上、邮戳上、商标和汽车贴纸上。橡树是恒久的存在，与世间的一切都有着无形联系。

如果问任何一个英格兰人什么是国树，答案无疑是橡树，不过奇怪的是，如果在保加利亚、克罗地亚、塞浦路斯、爱沙尼亚、法国、德国、拉脱维亚、立陶宛、摩尔多瓦、波兰、罗马尼亚、塞尔维亚和美国问人们这个问题，答案也会是一样的。波兰的建国传说来源于那棵矗立在一座小山上的巨大橡树，树上有一只巨鹰的巢，这让莱赫王子想要在那里建造自己的巢，或者说是王国，而他的兄弟切赫和鲁斯分别在南边和东边开拓了自己的疆域。在如今的波兰，最著名的树就是以传说中这三兄弟名字命名的三棵老橡树。它们生长在波兹南附近的罗加林公园里，不过名为"切赫"的橡树已经开始显露出衰老的迹象。在德国，橡树代表着国家力量，它们被种植在战争公墓里形成英雄的小树林，并被俾斯麦征用，作为统一的象征。橡树对分裂主义者也有吸引力，巴斯克地区的旗帜上是一面盾牌，环绕着橡子和橡树叶编织而成的花环。似乎所有人都想宣称这种树是属于自己的。

坚定而健壮的橡树一直以坚韧不拔的品格而备受敬仰。早在公元前 1 世纪，古罗马诗人维吉尔就盛赞了橡树持久的力量、扎根的深度，以及因此拥有的经受极端天气考验的能力："因此冬天的风暴、狂风或暴雨都不能将它拔起；它自岿然不动，比一代又一代人活得长久，在静静忍耐的同时看着他们渐渐被岁月带走。"当维吉尔的赞助人奥古斯都·恺撒雕刻自己不朽的大理石雕像时，他选择佩戴公民王冠，这是一顶用橡树叶编织而成的花环，也是罗马最高荣誉的象征。在古希腊，橡树是最强神宙斯的树，人们通过聆听多多纳城里橡树叶的沙沙响声来接收他传达的神谕。在北欧神话中，橡树属于雷神托尔。

橡树的力量是显而易见的。无论你碰到的是一棵独自挺立在普通牧场门口的橡树，还是点缀在广阔草地上的橡树林，那种纯粹的自然力量是不可能被认错的。其他种类的树都没有这么泰然自若，这么明显地与世界合为一体。与山毛榉、欧洲七叶树或假挪威槭这些树枝直刺天穹的树不同，一棵成年橡树坚实、粗犷的树干向四周伸展，仿佛张开的手臂，形成一大团浓密叶片簇成的半球。就连一根分枝的末端也能长出四五片可爱的不规则圆形叶片，而每一根小

●头戴橡树叶花环的奥古斯都·恺撒画像

枝又能长出任意数量的分枝，所以整棵橡树可能会被多达 25 万枚叶片覆盖。随着气温在 8 月升高，橡树还会额外增加一层叶片以弥补初夏因毛毛虫蚕食而造成的损失。

橡树的浓密树冠吸引了许多昆虫、鸟类和其他小动物。在深棕色树干的掩护下，旋木雀、夜莺、画眉和鹪鹩都能相对安全地活动，橡树也为颜色鲜艳的红尾鸲、知更鸟、五子雀和林莺提供了庇护所。在老树洞里，啄木鸟、纵纹腹小鸮和仓鸮会建造巢穴，尽管它们可能必须赶走喜鹊，后者也经常光顾这棵住有大量居民的树。蓝冠山雀和知更鸟大吃特吃橡树上的毛毛虫，而松鸦对橡子非常迷恋，一次能带走 10 粒，即使这让它们飞行时的身体显得十分笨重。既然橡树比其他种类的树都更能吸引小虫、地衣、蝴蝶、甲虫和真菌安家落户，那它也是鸟类、松鼠、睡鼠、蝙蝠和蛇的理想家园。这还没有算上厚厚的落叶层，以及落满枯枝正在腐烂的心材里滋养出的生命。橡树本身就支撑起了整个世界，但它像巨人一样有力的臂膀一点也没有显露出疲态。它是万树之王，是整个文明的头脑、心灵和栖居之所。

在 18 世纪的英国，橡树被盛赞为"男子气概的完美形象"，因为它的树枝结实得令人安心，它的木材可靠又稳定，它象征着耐心和好感。充满热情的诗人、园丁威廉·申斯通总结了它的时代魅力："正如一个勇敢的人不因顺境骄傲自满，也不因逆境消沉沮丧，橡树不会在阳光刚一出现时就长出绿叶，也不会在阳光刚一消失时就褪去绿装。"这些伟大的树木一点也不轻浮、冲动，不会一遇到困难就屈服。

现在看来，对一种树木的男子气概感到自豪似乎有点古怪，但当时的橡树就是这样，这是它们魅力的一大部分。有男子气概的橡树仿佛变成了大庄园所有者的地位象征，他们不但得意于"我的妻子，我的房子，我的马"，而且似乎对"我的树"也颇感骄傲。在找人为自己画像时，富有的绅士越来越多地出现在自己的橡树前，例如雷诺兹的画《多诺莫尔勋爵和托马斯·利斯特少爷》，或者庚斯博罗的著名肖像画《安德鲁斯夫妇》，这幅画中，夫妇两人站在他们的大橡树下，身后的庄园向远处延伸。在约瑟夫·赖特（Joseph Wright）为布鲁克·布思比爵士绘制的肖像中，爵士半躺在一片橡树林里，从画面上看，他似乎将自己视为一个正在和自然交流的、感情充沛的人。但这个姿势也在提醒全世界，他拥有许多非常珍贵的树。对于风景园林设计的先驱，如尤维达尔·普赖斯和理查德·佩恩骑士这些既拥有大片地产又是引领美学潮流的人来说，实用和美不再对立。

以木材和独特的形状而备受珍视的巨大橡树，本身就值得有自己的画像。威廉·吉尔平很有影响力的《森林景观笔谈》是一本谈论

● 《安德鲁斯夫妇》，托马斯·庚斯博罗 绘

树木景观特性的指南，让人们开始关注英格兰栎。博尔德尔在新森林地区曾担任多年教区牧师，这段经历让他在老树的个性和美学魅力方面的发言比他赖以成名的那些观光游记更具权威性。约瑟夫·法灵顿（Joseph Farington）的《橡树》是一棵庞大橡树的肖像，在午后阳光照射下的一片树林里显得光辉夺目。而在约翰·克罗姆（John Crome）的绘画《波林兰橡树》中，水池中的一小群沐浴者置身于这棵高耸橡树的阴凉之下。

雅各布·斯特拉特（Jacob Strutt）的插图本《不列颠森林志》记录了英国最壮观的树木，其中几乎一半肖像都是橡树的。这些"角色"象征了订阅这本书的地主们的地位，他们的权力似乎体现在自己这些巨大而古老的树干中。一棵巨大橡树的特殊魅力不仅仅在于它引人注目的轮廓、庞大的体积和长久的寿命，还在于它的个性。虽然华丽的橡树有许许多多，但每一棵都是独一无二的。沃里克郡的"公牛橡树"，这个名字取自一头习惯躲进长满木瘤的树洞里看外面的雨水从树叶滴下的公牛。约克郡巨大的"考索普橡树"那弯曲

93

●考索普橡树，摘自雅各布·斯特拉特的《不列颠森林志》

的轮廓和中空的树干，启发了埃迪斯通灯塔的设计。位于诺丁汉郡维尔贝克的"格林代尔橡树"大得能容纳一条公路，波特兰公爵的马车从它的树干中穿过去，仿佛穿过一道凯旋门。林肯郡的"鲍索普橡树"大得曾经能让人们在树干里铺上地板，摆上桌子，造出一个待客的房间，将橡树嵌板这门工艺发挥到了极致。

　　由于一棵健康的橡树可以存活 1000 年，所以早在乔治王朝时代就被人瞻仰过的许多橡树直到今天还活着。舍伍德森林中的"市长橡树"现在看上去和它在 20 世纪 70 年代、30 年代或 19 世纪 90 年代明信片上的样子没什么两样，与一个世纪前令它得名的市长海曼·鲁克的画作相比，也只有位于中央的一根大树枝有所不同。当我去看鲍索普橡树时，只有几只鸡躲在树下避雨，但这让巨大的树干显得更大了。这棵树的前面有一片果园和一座位于悠长小径末端的农舍，但是如果主人在家并且友善得愿意让你进去的话，那种体验就像是从普通的家庭生活走进某种不朽的存在，古老且布满皱纹，又有一种奇怪的热情。

古老的橡树是个性的、独立的，又极具包容性。多塞特郡的"达莫里橡树"是一家出售麦芽啤酒的酒馆，而在利奇菲尔德附近的巴戈特公园，无家可归的旅行者聚集在一起，睡在"乞丐橡树"的遮蔽之下。埃塞克斯郡的"菲尔洛普橡树"以其一年一度的集市闻名，届时集市上的每个摊点和木偶戏台都必须搭在它方圆 300 英尺的巨大树荫下。橡树是如此醒目的存在，以至于有的橡树标志着国家间的界线，有的橡树作为活地标在地名里延续着生命，比如"福音橡"或"马特洛克"，都是橡树旁边的会面之地。舍伍德森林中有一棵"议会橡树"，据说约翰王曾经在这里召开一场紧急会议（13世纪版本的英国危机应对委员会），以讨论威尔士对自己王国的威胁。考虑到大树是当时社会的正常聚会地点，这个传说倒也不那么奇怪了。例如，吕达尔湖附近的"贵族橡树"是当地地主召集人们前来讨论地方事务的地点。

每一棵橡树的独特形状让它们能被所有人认出来。萨弗纳克森林里那棵"大肚橡树"的膨胀外形不太会被认错。不过必须承认，"猎人赫恩橡树"就没那么容易辨认了，在莎士比亚《温莎的风流娘儿们》中的出场让它盛名不衰。但是，长有巨大的角的幽灵是否与某棵特定的树有关，或者这个故事是否为温莎森林中某一棵被毁掉的树提供了解释，都是不确定的。橡树非常高大，含有充足的水分，而且和许多其他树相比更倾向于保持自己的距离，因此最容易被雷电击中。但是无论如何，谁会想在有猎场看守人鬼魂出没的地方相见呢？另外，在诺福克郡的赫瑟西特有一棵"凯特橡树"，它是心生不满的当地居民的集合点。他们在 1549 年聚集于此，支持罗伯特·凯特反对教会和国王的起义。这场暴动被迅速镇压，凯特以叛国罪遭到处决。尽管如此，这棵树还是活了下来，并在许多年后得到了一项特殊的荣誉，被列为纪念女王伊丽莎白二世即位五十周年而选出的"大英之树"之一。

巨大的橡树出于许多原因备受珍视，尤其是在经济方面。橡树大量的木材和树皮意味着可观的经济收益，没有任何树种比它们更珍贵。在17世纪伦敦供职于海军部的塞缪尔·佩皮斯密切关注着木材商人在沃尔瑟姆森林的卑鄙交易。橡树是国民经济的中流砥柱，因为它为造船业提供了材料，而船是最重要的贸易工具。橡木的独特之处在于它既坚硬又结实，在一定程度上，正是它"无法揳入"的能力让人们相信它被雷电击中一定是神明之怒的迹象，因为除了神，还有什么能释放出一股如此巨大的能量呢？将钉子钉进橡木的挑战，至今仍是英国部分地区的村庄在节日里喜爱的游戏项目。非凡的硬度让这种木材非常适合建造最坚固的船只，就连最细的枝条也像石头一样坚硬，而且它们明显的曲度和转弯可以让技艺高超的木匠建造出大船的曲线和支架。亚历山大·蒲柏（Alexander Pope）的《温莎森林》一开篇就描述了一片绿树成林的和谐风景，但是纵观全诗，这座皇家园林不只是因为历史或美景得到诗人的赞美，其实用性也很突出。"我们的橡树"得到称赞，是因为它们将印度的丰富物资运到了欧洲市场，而且为英国提供了"未来的海军"。在这首诗的结尾，诗人畅想了一半森林奔赴波涛之后带来的世界和平，仿佛在说这些树是自愿加入商船海军的。

虽然橡树的根深蒂固一直受到广泛赞赏，但它的形变能力和它的文化意义同样重要。橡树既牢牢地固定着，又有充分的灵活性，它那无与伦比的力量可以被动员起来，让它即使已经许久没有矗立在大地上，也能重获一段新的生命。这种看似矛盾的特性已经被当代雕刻家大卫·纳什利用了，他花了很多时间在自己位于北威尔士的工作室里雕刻木头。在纳什看来，树木自己会提供雕刻灵感。他最近摆放在邱园的装置艺术作品中有一座复杂的木塔，由许多巨大的、保持平衡的杯子堆叠而成，它是用一整根橡树树干雕刻出来的。他的代表作是《木卵石》，它一开始是一棵倒下的巨大橡树的一部分，然后被雕刻成大石头的形状，花了几年时间慢慢顺流而下，历经各种水位的变化，最终抵达大海。这是橡树的变形，象征着一种自发移动的冲动，一种挣脱根的束缚和树冠遮蔽的欲望。如果说橡树是一个和蔼的、呵护备至的爱家人士，那它同时也是勇敢无畏的探险家，一头冲进未知，与风浪同行。这种树不但适合想安安稳稳待在它们"木墙"里的居家者，也适合岛民和探险者。

在钢铁得到发展之前，橡树不但对贸易和探险至关重要，对国防也是不可或缺的。英国的安全，她的子孙后代的未来，都依赖于她的"木墙"，换句话说，就是海军。建造一艘像纳尔逊的旗舰皇家海军"胜利号"这样的大船，需要2000棵成年橡树，因此这种树在英国战时的需求量很大。橡树常常在人们面临巨大不确定性时被想起，例如，在征服者威廉的一张早期家谱图里，威廉坐在位于一棵大橡树上的王座上，他的继承人顺着树干向下排列。胸怀大志的统治者常常将自己描绘成强大的猎人，在皇家森林中策马奔腾。女王伊丽莎白一世在哈特菲尔德宫的那棵大橡树下知道自己继承王位的著名故事，进一步加深了皇家与橡树形象的联系。查理一世被处决后，王位继承人的侥幸逃脱使博斯科贝尔的那棵大橡树变成了一个传奇。当获得胜利的圆颅党人在伍斯特战役结束后搜索这片树林时，这位皇家逃犯将自己隐藏在一棵巨大橡树的中空树干里，然后才设法逃往法国。在他最终以国王查理二世的身份重返伦敦时，手持橡树叶的人们站在街道上欢迎新国王回归，而王政复辟的日子5月29日（也是这位君主的生日）成了国定假日。某些村庄至今仍在庆祝"复辟纪念日"（Oak-Apple Day；字面意思为"橡瘿日"），包括牛津郡的马什吉本。那里的村民每到这一天的凌晨就会从当地的一棵橡树上摘下许多树叶和橡瘿，然后举办庆祝仪式，包括村庄银色铜管乐队的表演、一场漫长的午餐和夜间集市，所有活动都像这位君主希望的那样欢乐。

经历过这样的危险之后才登上王位，查理二世想给世人留下强大统治者的印象，所以他将奥古斯都·恺撒对橡树叶花环的喜爱融入自己在博斯科贝尔的经历中，似乎是在鼓励人们将古罗马帝国和复辟后的英格兰相提并论。和许多成功的政治人物一样，查理二世充分意识到了将古代权威人物与更个人化、更流行的传统相结合的优势。由于"皇家橡树"小酒馆那无处不在的标志，这位国王从一棵橡树的树叶之间向外窥视的面部形象至今仍为人所熟知，这个形象不仅源于奥古斯都时代的罗马，还更多地汲取了脸部由绿叶构成的神秘"绿人"这一中世纪建筑中的文化源泉。被人质疑王位正当性的君主常常求助于橡树，将它作为绵延、古老、强大的权力象征。由于人们对木材的实际需求，查理二世最爱的橡树在复辟时期实现了一次伟大复兴。在查理二世推动橡树种植取得进展的 4 年之后，约翰·伊夫林在这一时期编写了那本关于树木的伟大图书《森林志》，旨在激发民众种植材用树种的爱国热情。古老的橡树林在过去的许多个世纪里一直大幅减少，终于到了威胁国家安全的地步。到了复辟时期，橡树的供应已经紧缺到要从国外进口橡木了，所以佩皮斯才这么关注本地木材贸易。与荷兰打仗意味着需要更多新舰船，这推动了橡树的大规模栽种，种下一颗橡子此时成了爱国职责。在爱尔兰，橡树的紧缺对全国制革工业产生了灾难性的影响，所以重新造林的呼声很高。然而，古老树木的骤减似乎是不可逆转的，到下一个世纪时，曾经覆盖着森林和草地的土地，只剩下 10% 还有林木。当罗宾汉和他伙伴们的故事流传得越来越广时，舍伍德森林却在一步步地缩小。大卫·加里克（David Garrick）的歌曲《橡树之心》中提及的橡树狂热，源于对国家安全受到威胁的恐惧，人们开始意识到这些大树的存在终究不是永恒的。

对于英国君主来说，伟大的橡树种植项目还有另一个好处，就是将残留的内部矛盾转移到外部，即朝向外国敌人。在内战结束后的那个世纪，没有人想在本土打仗，人们听到爱国歌曲《统治大不列颠》时会联想到，可能非常古老却是新近创立的英国，每一次被"外国攻击"之后都会更雄壮地崛起，正如最猛烈的风暴"想将亲爱的橡树连根拔起，却让它更加牢固"。这一充满了政治修辞又激动人心的作品是苏格兰诗人詹姆斯·汤姆森搬到南边的英格兰之后创作的，其目的是培养人们对大一统不列颠的感情。

这首歌如今会令人想起"终场之夜音乐会"上观众挥舞米字旗的画面，它是在 1740 年首次演奏的，仅仅 5 年之后，詹姆斯二世党人的叛乱就说明国家团结的光鲜形象并不能弥合潜在的分裂。橡树与斯图亚特王室的强烈联系，是由查理二世精心锻造出来的，这给新来的汉诺威王朝造成了很大的麻烦，这个王朝来自德国，通过一条不那么显赫却坚定信仰新教的分支与皇家谱系相连。挑战在于既要强调橡树的不列颠特性，又要淡化或者重新吸收与斯图亚特王室的所有联系。不列颠尼亚和她的橡树决定回溯到宗教改革之前、罗马人抵达之前的那个虚构时代，不列颠人可以在那里被想象成单一成分的土著民族。

作为国树，橡树仍然是一种充满争议的象征，尽管更加隐蔽，它依然出现在詹姆斯二世党人的图腾中。因为在詹姆斯二世党人叛乱中发挥的作用，德文特沃特伯爵受到审判并被处决，他在坎布里亚郡的庄园随后被卖掉。那荒凉景象令人联想到被破坏的橡树，仿佛带着责备的表情安静地站着，质疑造成了如此浩劫的开明政权。在爱尔兰，橡树得以确认的重要性体现在大量地名当中：德尔纳格里（Dernagree）、德拉格（Derragh）、德林（Derreen）、德尼什

（Dernish）、德里鲍恩（Derrybawn）、德里科菲（Derrycoffey）、德里法布（Derryfubble）、德里利卡（Derrylicka）、德里纳纳夫（Derrynanaff），德里（Derry）就更不用说了。所有这些地名都来自"Doire"（或derw）这个爱尔兰语单词，意为橡树。著名英国橡树的名单还包括那些激起苏格兰和威尔士爱国者强烈民族感情的树，"华莱士橡树"位于斯特灵附近的图尔伍德，威廉·华莱士曾在这里召集手下反抗英格兰国王，而"谢尔顿橡树"位于什鲁斯伯里，欧文·格伦道尔曾在这里瞭望过战场。这两棵树都矗立了许多年，纪念着曾在它们宽大的树干内发号施令的民族英雄。

即使面对最致命的对手，橡树向外伸展的手臂也像是在表示和解，这让它在政治上被阐释和利用的复杂故事变成了一个生动的例子，说明不同的民族概念可以被栽培、砍倒、嫁接或移植。橡树是皇家和罗宾汉的树，是不列颠尼亚和布赖恩·博鲁的树。如果是同一种树鼓舞着对传统的保守态度与对平等权利的激进要求，鼓舞着联合主义者对融合的自豪与分离主义者对独立的坚定，那么追问所谓的"真正"意义大概不是明智之举。毕竟，橡木有名的"结实"还包括它的灵活性和生存能力，这些品质和它的硬度同样重要。

橡树广为人知的长寿还为未来提供了很大希望。似乎无论凡人经历了多少代生生死死，橡树都会继续活着。公园里或小酒馆外的那棵古老橡树一直都站在那里，并且永远都在那里。很多村庄都自诩拥有"千年"古树，但是某些橡树会让这些古树看上去像是树木界的婴儿。在泥炭沼泽至今尚未被破坏的地方，有时会发现可追溯到公元前7世纪、已经变成化石的橡树。当然，它们没有生命了，但是沼泽中的橡树木化石以可触摸的方式提供了与民族国家出现之前的世界的联系（还提供了宝贵的史前树木年轮资料，用于树轮年代学测定）。当沼泽橡树木化石变成优美的现代雕塑作品时，它那浓郁的颜色和奇怪的木纹结构十分引人注目。在爱尔兰，应用橡木圆材的艺术形式在凯尔特人到来之前就出现了，而现在则用于人们的起居室。最近，一块在克罗地亚某段河床里躺了几千年的巨大橡木被小心翼翼地挖了出来并送到英国，一支技艺高超的团队将它变成了一个华丽的半圆形吧台，这件作品既古老又站在当代设计的最前沿。

并非所有橡木都能保存得如此完好。尽管以经久耐用著称，但是有时候橡木很容易腐烂。皇家海军舰艇"胜利号"如今在朴次茅斯港的码头保存得非常好，很容易让人以为它在特拉法尔加海战之后就没有发生过变化，然而它曾经差点因为腐烂的木头和蛀虫而沉没，最后靠新杀虫剂的发明才得救。这艘船不但是那个早期民族胜利时代的纪念碑，而且是一个提醒：橡木并不总是像我们以为的那样不可战胜。

在对康内马拉地区充满感情的记述中，蒂姆·鲁滨孙（Tim Robinson）写下了自己看到一棵被雷电劈成两半的成年橡树时的激动心情：

> 一半仍然笔直地站立着，但是已经憔悴死亡，另一半斜躺在地上，还活着，而每一半都有自己的历史、疆域和居民，所以这件事一定与拜占庭从罗马帝国分离出去一样意义重大。

至少雷击与这棵树的宏伟是相称的，它灾难性的倒下被比作一位伟大的英雄甚或一个帝国的倒下。

对于这位森林之王而言，另一件事造成的麻烦更难以解决，它造成了橡树在现代大幅减少，因为林地中的橡树苗总是无法长大。这个奇怪的问题出现于 20 世纪初，奥利弗·拉克姆将其命名为"橡树变化"，非常令人费解，很有可能是真菌病害或霉菌感染造成的，它们增加了橡树对光线的需求。对于挣扎着从腐烂的落叶中钻出的微小幼苗来说，成熟橡树的浓密树荫似乎不仅没有什么保护性，还会造成致命的影响。

最近，橡树受到了一系列极具破坏性的树木病害威胁。"橡树猝死病"是一种由真菌 *Phytophthora ramorum* 造成的感染，它对美国橡树种群的袭击拉响了国际警报，而英国的第一批病例被新闻报道渲染成了末日征兆。幸运的是，人们在 10 年之后发现，似乎大多数成年英格兰栎都对这种致命的病原体有抵抗力，但它仍然为许多冬青栎和土耳其栎敲响了丧钟，同样受害的还有落叶松、栗子树和山毛榉。橡带蛾在 2005 年从欧洲抵达英国，从那以后，毛毛虫大军一直在它们最喜欢的树的枝条上爬上爬下，大吃大嚼。对于英格兰栎来说，更令人担心的是名为"急性橡树衰退"的病害，症状是树干上下出现向外渗出液体的黑色损伤，自 2008 年首次出现之后，这种病害在英国中部和南部地区迅速扩张。凶险的条纹一旦出现，一棵生长了两三百年才完全成熟的健康橡树，可能就只能存活四五年了。在这些病害的阴影下，英国古橡树的形象产生了新的意义。舍伍德森林中的"市长橡树"倒下的树枝得到了支撑杆和钢丝绳的托扶，这一场景反映出拥有同情心的社群对老者的尊重和关心，颇为鼓舞人心。它还会让人产生不那么快乐的联想，对于这份曾经辉煌但正在消失并终将消亡的遗产，人们紧紧抓住关于它的回忆不愿放手。这份伟大属于过去，将渐渐被遗忘。

正是橡树的力量和长寿，让它们最终的消亡令人极度哀伤。威廉·柯珀（William Cowper）在他动人的诗歌《亚德利橡树》中讲述了他最喜欢的树的全部生命轨迹。他想象了这棵树的侥幸生存，从"壳斗包裹的橡子"，到只有两片叶子的小苗，直到成为庄严的"森林之王"，然后作为目击者描述它现在的情况：一个"洞穴/让猫头鹰在其中栖居"。这位森林中的巨人或许曾经是造船工的"心肝宝贝"，但它现在只不过是"被挖空的壳"，或者"呼唤乌云要水喝的

●亚德利橡树

巨大喉咙"。虽然柯珀坚称亚德利橡树仍然"在衰败中保持着庄严",但风暴扯下老树"手臂"只剩下树桩的细节格外动人。

从小小的橡子到宏伟的橡树,这个了不起的转变过程是这种树木多重魅力的重要体现,一棵橡树的存在本身往往就是一场克服重重困难的胜利。现代植物病害只是增加了风险，运气不佳的橡子本就面临很多危机，例如饥饿的猪、老鼠、松鼠和兔子，还有从亲本橡树上爬下来的舞毒蛾毛毛虫，都会对幼苗造成危害。橡树叶波浪般起伏的轮廓对如此之多的物种都是无法抵抗的诱惑，所以一棵成年橡树的长成本身就是一场胜利。另外，拥有诱人的种子也有好处。松鸦对橡子的偏好对橡树非常有利，因为这些贪婪的鸟儿总是会携带远远超出它们进食能力的橡子，然后将多余的埋起来供以后享用。它们会在一年后返回自己的地下储藏室，使劲拉扯已经发芽的种子抽出嫩枝，这会在无意中帮助橡树苗抵达地面。这是一对看上去不可能组合的搭档，但它们的互惠互利让这种关系得以维持。古老橡树内部的腐烂让敏感的柯珀十分惊惧，但我们现在知道，正在降解的心材中含有丰富的养分，可以滋养土壤让橡树再生，因此，从前人们为了拯救古老的橡树而好心地往它们的空洞里灌混凝土，其实是不恰当的。

对老树的保护冲动需要谨慎控制，因为这种冲动会促使人们反对那些最有可能保障一个物种健康发展的做法。将一棵橡树变成影响深远的教育资源，是当代树木文化中比较有想象力的。加布里埃尔·埃梅里的"一棵橡树"项目始于 2009 年 1 月，布莱尼姆庄园里一棵 222 岁的橡树在一大群孩子的见证下被砍倒，接下来是展示一棵橡树对今天的社会有多么重要。亲眼看到这棵橡树倒下的孩子们回到砍伐现场采集橡子，然后播种下一代的橡树。幼苗长势喜人，稚嫩的金色叶片从柔顺的中央枝干上均匀地抽出，仿佛一台微型旋转木马。与此同时，这一棵橡树的木材被分配到众多工匠和制造商手中，做成家具、珠宝、乐器、长凳、梁、门框、钟表、印版，以及用于中央供暖系统的木炭、木柴、锯末和木屑。这个项目也许和家族树、当地聚会地点或民族象征等传统观念有很大不同，但它展示了橡树将迥然不同和没有联系的人聚集起来的力量未曾衰减。

●《橡树》，托马斯·比韦克 绘

　　橡树不只是一种古老的树，如果加以适当管理，这个物种可以对许多国家的未来产生至关重要的影响。致力于研究英国树木现状的独立林业小组最近断定，树木有潜力为可持续经济做出重大贡献。它们可以固碳、保土、保护经常被洪水侵袭的地区、改善空气和水的质量、提供清洁的可再生能源，以及提供宝贵的自然保护区和广阔的休闲区域。在绿色宜人的未来愿景中，橡树将会发挥重要的作用。一棵橡树就是一块游戏场，也是整个自然群落。橡树木材已经有很多种用途，而经过防病处理的橡木托梁坚固得足以代替钢梁。"皇家橡树"小酒馆里有木纹华丽的橡木桌和低矮的橡木梁，在这里喝上一杯，或许并非暂时回到过去，而是瞥见未来。

白蜡

　　林肯郡一览无余、疾风劲吹的沿海地区是我母亲的家乡，她小时候曾被送到湖区养病，因为在那里西北向山丘的庇护下，她活下来的机会更大一些。那是 1940 年年初，如果不是身边的每一件事都在提醒她情况异常的话，这段经历本可以变成一段很棒的冒险。这种不正常不只是父亲、叔伯、兄弟的不在场，还包括酒店院子里各种被离奇损害的东西，包括一只眼睛瞎掉的猫，一辆坏掉的独轮手推车，一个去过敦刻尔克、看上去和其他大人都不太一样的男人。我母亲记得最清楚的，是一个脸色苍白衣服也苍白的年轻女人，总是坐在外面，抬头凝视那棵高高的白蜡树枝，然后画下来。当太阳出来的时候，她用铅笔画出的线条就会变深，将细小树枝组成的花饰图案变成黑色蕾丝面纱。她从不开口说话，只是日复一日地抬头仰望，将那难以重现的图案画在她又大又平整的纸上。对于这个身份不明的女人来说，这棵白蜡树意味着什么？它对我母亲又意味着什么？以至于在她焦虑、敏感的心中扎根生长，至今不忘。

　　白蜡树被称为森林中的维纳斯，而且似乎会在那些凝视其优雅外形的人心中激起强烈的感情。无论是矗立在宽阔的绿地上，还是置身于 11 月的凌乱树篱中，或是在风铃草的海洋中光秃秃地超然独立，白蜡那带着曲线的树枝都会渐渐变细，末端直指天穹。一株幼年白蜡常常像是半开的孔雀彩屏，还没有准备好展示自己的美。而成年白蜡的树枝一旦完全张开，会先倾斜向下，然后再次翘起，仿佛是在将树枝上的芽送入空中飞翔。在整个夏天，这些树枝像波浪一样朝四面八方伸展，树叶如绿色的浪花。年轻的白蜡树没有棱角，一切都是圆润的，覆盖着飘动的叶片，柔软得像羽毛围巾中的羽毛，又像南美洲栗鼠的皮毛。树枝随着岁月的流逝增长了几英寸的长度和一些皱纹，伴随着成熟而来的还有鲜明的态度。冬天，它们的剪影映衬在晴朗的天空，就像一排没有边框的彩色玻璃窗。生机勃勃的黑芽骄傲地耸立，仿佛对春天的到来迫不及待，但实际上，白蜡树通常是最晚长出叶片的，而在秋天也是最晚落叶的。但它们即使没有树叶的覆盖，也和其他更引人注目的树披上灿烂华服的样子同样迷人。

白蜡树的优雅总是吸引着艺术家。约翰·康斯特布尔（John Constable）让他的白蜡树永垂不朽，这种树种在他位于埃塞克斯郡戴德姆的家里。在《玉米田》和《弗拉特福德磨坊》等画作中，白蜡树占据着前景的主要位置，细腻的笔触凸显着羽毛般的叶片。根据他的密友和传记作者 C. R. 莱斯利的说法，康斯特布尔会"在狂喜中"盯着任何一种树，但他真正的最爱还是白蜡。据莱斯利回忆，汉普斯特德的一棵白蜡树被砍倒让康斯特布尔深感痛心。康斯特布尔从这棵白蜡树中获取灵感，创作了他最美的绘画作品之一，然而他却在一场公共演讲中宣称"她死于一颗破碎的心"。他以谴责的态度指出，一张以粗暴的方式钉进树干、禁止流浪行为的教区布告，导致了他心爱的白蜡树死亡。"这棵树似乎感受到了耻辱"，他对自己的听众说，因为这张布告刚一出现，顶端的一些树枝就枯萎了。在一年左右的时间里，整棵树失去了活力，于是这个"美丽的生灵被砍得只剩下一截残桩，正好是能够张贴布告的高度"。康斯特布尔对"这位年轻女士"的凄惨命运如此悲愤，说明他精美的画作不仅仅是对自然的观察，更是爱的表达。

按照传统，那些寻觅爱情的人会在白蜡叶中找到希望，这或许是因为细长的小绿叶总是在每根叶轴上成双成对地展开。年轻女子会将一根长着这些漂亮羽状叶片的小枝带在身上，相信自己遇到的

●《弗拉特福德磨坊》(细节),约翰·康斯特布尔 绘

下一个男人就是她将来的配偶。这是一种相当冒险的闪电约会,但体现了白蜡的浪漫气质。有时她们会将一两枚白蜡叶掖进乳沟,或许有助于吸引对此毫不知情的情郎。如果树叶没有达到理想效果,白蜡树的果实也派得上用场,它们诱人地簇生成串,低垂在人们能够轻易摘到的地方。用水煮这些钥匙形状的果实,可以做成一剂催情药。

在英国西南部各郡,"白蜡柴捆"在节日期间为人们带来温暖。

圣诞前夜，用灰绿色带子绑成柴捆的成束白蜡树枝会被搬进室内，然后投入最大的壁炉中点燃。派对的参加者围在一起，各自挑选一捆白蜡，看哪一捆最先燃烧起来，而选到它的人将会是第一个结婚的。这也是一个饮酒游戏，只要有一个柴捆被点燃，盛满苹果酒的酒杯就会被举起，直到整束柴捆燃尽以及在场的所有人都变得更放松、更暖和。

白蜡树预示着未来的幸福，但爱情常常与不那么令人愉快的感受交织在一起。在哈代的冬日诗篇《灰色调》中，那棵白蜡树见证了诗人最后一次约会，灰色的落叶饱含着他对爱情的失望。"爱情骗局"留下的教训深深刻在对"你的面容，苍白的冬日，一棵树／还有边上一个落满灰色树叶的池塘"的回忆中。在著名的威尔士民歌《白蜡林》中，白蜡树也代表着对已逝之爱的追忆：

> 在那青翠的山谷，小溪蜿蜒流动的地方，
> 当黄昏将逝，我焦灼地流浪，
> 或在明亮的正午，我独自徜徉，
> 在那片可爱的白蜡树的浓荫下；
> 就在那里，当乌鸫在欢快地歌唱，
> 我第一次遇见亲爱的人儿，叫我心儿荡漾！
> 围绕在我们身旁，风铃草曾快活地叮叮当当，
> 啊！那时我未承想，我们这么快就要天各一方。

这首歌有各种版本，出自不同的抒情诗人和艺术家，但是每个版本讲述的都是被铭记并且只留在回忆中的爱。《白蜡林》这首歌本身又出现在爱德华·托马斯的一首诗中，这位诗人在"一战"中殒命。和康斯特布尔一样，托马斯最爱的树也是白蜡，这种树在他的心中如此根深叶茂，以至于当他置身于最绝望的处境时，与白蜡树的重逢

能让他充满复原的力量。这首诗的开头是死亡和垂死之树的悲哀景象，尽管如此，诗人却回忆道，"它们欢迎我；我满心欢喜，没有缘由，毫不迟疑"。这些树不是他以前认识的那些树，但同是白蜡，所以这片奄奄一息的小树林，也和他过去见过的那些树一样"能够带来同样的平静"。虽然自己不比这些死掉的树更有生气，但是在这些白蜡树之间游荡时，这位诗人仍然生出一种顿悟：

> 我如幽灵般游荡，
> 带着怪异的愉快，仿佛我听到了姑娘的歌声，
> 是《白蜡林》那首温柔的歌，唱的是不受阻碍的爱情，
> 然后拥挤的人群或者遥远的距离令它逝去不再来。

一切都是犹豫的、轻描淡写的，但是微弱的情绪逐渐增强，直到在这首诗的结尾，不愿消逝的过去骤然灿烂，淹没了当下的景象，一丛不堪入目、备受折磨的树突然放大，变成了超凡绝俗之物。在那一瞬间，爱从未逝去，它在白蜡树林中被发现，不再受到任何阻碍。

　　白蜡的温柔总是让它作为一种抚慰和疗愈之树脱颖而出。父母死后，还是学童的华兹华斯被送往霍克斯黑德附近的一个村舍里生活，他很喜欢那里一棵成年白蜡树带给他的回忆。在《序曲》中，他回忆自己是如何躺着不睡：

> 在微风吹拂的晚上，看那
> 华美的月亮隐藏在一棵高高的白蜡的枝叶间
> 树旁就是我们的村舍小屋矗立的地方，
> 目不转睛地看着她，看着她来来回回
> 这棵动人的大树的黑暗树梢
> 随着每一阵风的悸动而摇摆。

许多人对具有疗愈作用的白蜡感兴趣，是为了获得更实用的药物。虽然白蜡树的枝条蜿蜒如蛇，但它被视为蛇的敌人。罗马博物学家、作家老普林尼观察到蛇对这种树的厌恶（这种厌恶如此深，它们甚至不愿在白蜡树的树荫下活动），建议将白蜡树叶作为治疗蛇咬伤的解毒剂。他甚至做了个实验证明这一点，把一条毒蛇放到一小堆火旁边，再用白蜡树叶将毒蛇和火围起来，他断定毒蛇很快就会钻进火里而不是白蜡树叶。许多个世纪之后，尼古拉斯·卡尔佩珀（Nicholas Culpeper）也支持了老普林尼提出的治疗蛇咬伤的方法，不过他还建议将白蜡树叶用于治疗更常见的病痛，包括"为那些过度肥胖者减重"以及水肿和痛风。浸泡在白葡萄酒中的白蜡树叶，变成了治疗黄疸或肾结石的药物。白蜡的树皮也被用于滋补肝脏和脾脏或治疗关节炎。就连疣子都可以用针刺治好，只要这根针先扎在一棵白蜡树里。

吉尔伯特·怀特对他教区里实行的许多传统疗法深表怀疑，他在《塞耳彭自然史》里用沮丧的语气描述了附近一个农家院里的一排白蜡树，它们的树干上有参差不齐的巨大伤疤，显得非常丑陋。许多年前，人们把它们年轻时柔韧的树干从中劈开，并用楔子塞在其中以保持分开，好让得了疝气的儿童赤身裸体地从树干缝隙里穿过，再用黏土涂抹这些白蜡树，紧紧地绑起来。人们相信如果树干上的切口痊愈，再次长成完整的树，那些儿童就会痊愈。虽然这种行为的生理学基础肯定不牢靠，但是通过置换的方式治愈儿童的心理冲动却完全可以理解，即使那些可怜的小病人大概觉得，这种治疗方式和病痛本身一样不好受。

作为一名严肃的博物学家而且在启蒙时代受过良好教育，吉尔伯特·怀特对白蜡树具有疗愈作用的迷信感到十分困扰。他的焦虑最明显地体现在对那棵"又老又丑的中空截顶白蜡树"的描述中，这棵树生长在塞耳彭的教堂旁边，被当地人用来治疗生病的牛。这种疗法需要将一只活的鼩鼱仪式性地禁闭在白蜡树的树干里，然后这棵树就会长出具有疗效的枝条，再用这些枝条在患病的牛身上轻抚。在怀特看来，这种古老的做法对于倒霉的鼩鼱、伤残的白蜡树，以及当事人的头脑而言，都是不幸。他的教区居民怎么能继续相信这种鬼东西呢？尤其是在生病的牛并没有表现出任何好转的迹象之后。

慈母般温柔的白蜡是当地社群如此重要的一部分，以至于人们几乎是本能地想到这些树。不列颠的早期居民用他们最喜欢的树辨认自己的家园，无数个地名佐证了白蜡树的常见程度，比如肯特郡沃什福德（Ashford）、坎布里亚郡阿斯克姆（Askham）、德文郡阿什利（Ashley）、诺福克郡阿什韦尔索普（Ashwellthorpe）等。坐落在白金汉郡一面山坡上的小村庄阿申登（Ashendon）和这个物种尤其相衬，它的名字意为"长满橡树"。适应性强的白蜡曾经迎接了一拨又一拨定居者，因为白蜡的英文单词"ash"来自一个盎格鲁－撒克逊词根，而"by"（音译为"比"）这个在北欧国家常见的后缀则是随着丹麦人的到来才出现在英国的。"Ashby"（音译为"阿什比"）是个合成词，本义是生长着白蜡树的农庄，但这个词还能接受更多的语言嫁接，比如莱斯特郡阿什比德拉朱什（Ashby de la Zouche）反映了诺曼征服的影响之深，而在相邻的林肯郡，拉提纳特阿什比普罗鲁姆（Latinate Ashby Puerorum）则是为了纪念林肯大教堂唱诗班的儿童（Latinate 意为"拉丁语"，Puerorum 意为"儿童"）。

无论人们在哪里生活和工作，白蜡都是永恒的陪伴和帮手。它在人们心目中的特殊地位不只在于它的外表之美或医药价值，更是因为它能稳定供应用途非常广泛的木材。在那些和木头打交道的人看来，白蜡木大概是所有木材中最适合加工的。硬度和特殊的弹性意味着它不但可以被塑造成比较平直和简单的构造，例如雪橇和滑雪板，还可以做成最不像平板的物体，包括牧羊人用来捕羊的曲柄手杖、拐杖、曲木椅，甚至是货车车轮。白蜡枝条的形状天然地适合制作这些东西，它的柔韧性也让它可以接受蒸汽处理，以强化自然弧度。

白蜡树是拐杖的原材料，这一点巩固了它在家庭中的地位。在谢默斯·希尼的诗《白蜡树》中，他父亲的拐杖是"幻肢"，稳住这位老人日益消瘦的手，让他能够再一次"守住阵地"。他拿着它，"就像拿着一根银枝"，是进入凯尔特人冥界必需的传统护身符。在希尼已故的父亲身后，是他文学道路上的先辈詹姆斯·乔伊斯，在希尼探寻内心灵魂的朝圣之旅《苦路岛》中，乔伊斯"笔直得就像他的白蜡树急匆匆上扬"。对于这位更年轻的诗人来说，乔伊斯的白蜡树枝与其说是拐杖，不如说是指挥棒，因为他用它敲了一下废物箱，然后敦促希尼"为快乐写作"，奏出自己的音符。

如果说白蜡是树中维纳斯，那它还真配得上古典神话的世界，因为它拥有为战士提供武器装备的悠久历史。白蜡木结实且易于加工，它的古英语和"长矛"（aesc）是同一个词，因为白蜡树苗笔直生长的特性让它们非常适合用于战场。白蜡树还不太致命的竞技场上的英雄提供装备，例如板球门柱、曲棍球棍、台球杆和爱尔兰棒球棒。或许只是用一根舒适的老木棍抚慰人心，就能像古时一样激励选手。

随着钢铁的发展，树木在国防中的地位逐渐下降，英国海军引以为豪的"木墙"（海防舰队的戏称）也退居于历史书中。然而在"二战"期间，矿产资源的供应开始减少，威胁到军备武器和军用载具的生产。为了应对这一危机，杰弗里·德·哈维兰设计了一种木头飞机，尽管战争部的官员对此深表疑虑，但是他的新型蚊式轰炸机还是迅速投入了生产。虽然几乎一切物资都实行配给制并且供应短缺，但英国的白蜡树仍然丰富，而当地家具制造商的技能此时被统筹起来为战争做决定性贡献。蚊式轰炸机重量轻、速度快，由双引

●白蜡木曲棍球棍和板球门柱

擎提供动力，1941 年走下生产线，第二年就凭借奥斯陆空袭声名大噪。而在接下来的"二战"中，这种轰炸机一直作为英国轰炸机指挥部的探路飞机，并发挥了举足轻重的作用。在一次大规模行动中，蚊式轰炸机的飞行员对柏林的广播中心发动了毁灭性攻击，导致戈林对这些在钢琴厂里生产的轰炸机的速度和效率一阵痛骂。白蜡木很久很久之前就出现在盎格鲁－撒克逊人的战场上，而它的材质不仅适合制造长矛，也适合制造坚固、轻盈的飞机。

白蜡木富有弹性且减震性能优良，可以制作各种各样的东西，包括梯子、耙子、飞机甚至汽车。正是柔韧的弹性让它用在莫里斯旅行车独特的浅色十字形盒式框架中，而在 20 世纪 40 年代，前圆后方的牲畜运输货车和零售商面包车也使用了白蜡木。白蜡木至今仍被摩根汽车公司使用，这家公司开发了现代真空技术，并结合传统木压工艺制造出轻盈、优雅，同时极为坚固的跑车。这家公司的工厂到处都是光滑的白蜡木框架，它们都将盖上铝板，安装在坚固的钢铁底盘上。人类对白蜡树的偏爱如今仍在延续着。

●蚊式轰炸机

●莫里斯旅行车

与橡树这类古老的落叶林树种不同，白蜡树不以长寿著称，大部分白蜡树的寿命不超过200年。然而，如果一棵白蜡树在矮林中经常平茬，它会继续长出又高又直的树枝，即使它的心材已经完全腐烂。在萨福克郡的布拉德菲尔德林地，有一片矮林白蜡像一只巨大的扫把头一样从地面向上伸展，人们认为它们的根桩已经有1000岁了。白蜡树大量的翅果使得它的繁殖速度非常快，树苗数量总是很多，所以似乎没太大必要保留较老的树。由于白蜡能够存活于几乎所有种类的土壤，所以它到处开枝散叶，成了英国如今最常见的树木之一。

　　一种名为"查拉拉弗拉希尼亚"的真菌已经对欧洲的许多白蜡种群造成了致命伤害，而它现在正入侵英国的消息着实令人不寒而栗。"白蜡枯梢病"已经在丹麦、波兰、瑞典、德国、荷兰、奥地利等地摧毁了不少森林，而且很有可能席卷不列颠群岛。一种神秘的真菌专门危害一个物种，可以杀光它的幼苗，这件事听上去就十分

恐怖。在 2014 年去世前撰写的最后一本书里，资深植物学家奥利弗·拉克姆对白蜡枯梢病引起的恐慌性报道投之以冷眼，他认为当人们注意到这种致命植物病害的存在时，采取行动为时已晚，因为"对付查拉拉病毒最晚应该在 1995 年"。他说，抵御植物病原体要有前瞻性思维，并提出了一个让人不安的结论：对查拉拉病毒的迟钝反应已经无关紧要了，因为更具破坏性的威胁——白蜡窄吉丁正在逼近。这种鲜绿色的蛀干甲虫原产东亚，已经摧毁了美国和西伯利亚的大片白蜡林，而在这个全球化时代，它到达英国几乎不可避免。除非，在博物学的反讽中，查拉拉病毒造成的后果成为一道惨淡的防疫封锁线，可以对付白蜡窄吉丁。

如今，白蜡枯梢病的病因已经确定，白蜡窄吉丁的危险也引起重视，我们仍然可以期望为控制病虫害而做出的巨大努力有所回报。疑似病例会被发现和上报，一些抵抗力强的树也会幸存下来，白蜡树将像凤凰一样涅槃重生。如果将来那么多熟悉的林荫道路、绿意葱茏的公园和城镇都因失去白蜡树的遮蔽而变得光秃秃，如果它们曾经多年的陪伴只能通过绘画、诗歌和古老的歌谣才能被记起的话，也太令人悲伤了。

杨树

　　当我的孩子们年龄还很小的时候，如果不是沿途还有一些地标的话，每天去托儿所的路在他们眼里肯定漫长得没有尽头。对于只有三四岁、被结结实实地绑在汽车座椅里的幼童，半小时的旅途和一整天可怕的束缚没什么两样。幸运的是，我们的路途点缀着一些熟悉的景致和感官享受，让孩子们不会太过无聊，比如那条多车道公路路面因为失败的排水系统而上下起伏，还有那排顶部呈心形的白色维多利亚式栏杆，被我女儿命名为"骨头大门"。这段路上无可争议的亮点一直是那一长排高大的钻天杨（Lombardy poplar；字面意思为"伦巴第杨"），它们与沿途更浓密的绿树和低矮的树篱形成了如此鲜明的反差。无论是谁种出了这条优雅的林荫大道，若是听到它每天引发的欢声笑语和孩子们齐声高喊"瘦子先生的树"，都会很惊讶。

　　对于在牛津郡乡下长大的儿童来说，这些形状又瘦又长、枝条笔直向上伸展的树实在是滑稽得很，不过在法国、比利时或意大利的儿童眼中，这些成排生长的杨树就没那么令人兴奋了。"二战"期间政府种植杨树，大大提高了这种树的受欢迎程度，钻天杨（*Populus nigra* "Italica"；字面意思为"意大利黑杨"）从那时起就很常见了，但它们很少像法国北部的杨树一样排列在道路两侧，高高地稳稳地立着，仿佛一排接受检阅的士兵。一部分法国公路至今仍被称为"拿破仑之路"，因为这些杨树是拿破仑下令种植的，以便在烈日下为穿着厚重军装行进的部队提供阴凉。在法兰西帝国的皇帝看来，这些杨树无疑形成了一条恰如其分的胜利之路，因为它们匀称有序，处处节制。如今，在急匆匆前往渡口的途中，疲惫的驾驶员看着这些高高的树不间断地迅速掠过，可能会觉得它们有催眠效果，甚至是频闪效果。然而，路边恒常不变的景致就这样随着漫漫旅途撕开明亮的天空，这种井然的秩序也蕴含着某种抚慰人心的力量。

也许，当 18 世纪的英国地主壮游欧洲大陆，在钻天杨的原产地饱览伦巴第平原和波河两岸的壮阔风景时，正是这种树严整有序的对称性让他们着迷。这些优雅的意大利树木是如此令人倾慕，以至于壮游欧洲的旅程结束之后，他们决定开始种植自己的杨树。第四任罗奇福德公爵 1754 年从罗马回国，马车车厢上绑着英国第一棵钻天杨树苗，准备种在自己位于埃塞克斯郡的庄园里。这种杨树天生苗壮，使得柱状树木排列两侧的林荫道很快纷纷成形，装点着帕拉第奥风格的宅邸，与它们宏伟的新古典主义建筑立面构成完美的比例。这些杨树好像是为搭配女士们高高的鸵鸟羽毛帽子而专门设计的，并且形成了一座令人心安的绿色卫城，让绅士们在里面盘算自己的庄园有多大。如果说这种树的意大利血统吸引了时尚的嗅觉灵敏的不列颠人，那它的别名就不那么优雅了，因为当时它通常被称为"波杨树"。

不过对于很多大地主而言，更让他们担心的是杨树作为人民之树的角色。杨树的拉丁文属名 *Populus* 显然和"populace"（意为"大众"）这个英文词同属一个词源，而杨树也在法国大革命期间被赋予强烈的民主意味，因此被视为贵族制度的重大威胁。当时对人类社会"自然"秩序的政治争论就运用了树木的意象，在新形势下为法国旧秩序辩护的人为英国橡树赋予了政治意味，因为它们生长缓慢、变化微小，象征着稳定的传承。相形之下，进步作家如托马斯·潘恩号召同胞与自己一道培植自由之树。诞生在美国的自由之树是波士顿的一棵榆树，不过一旦树木变成政治隐喻，其他物种也不

● 《法国的杨树》，格温·雷弗拉特 绘

是不可以拿来用。哲学家让·雅克·卢梭关于人生而自由和平等的理论为革命分子提供了精神食粮，而钻天杨又和这位哲学家有着深深的联系，自然成了象征植物的最佳选择。卢梭在 1778 年去世，之后被埋葬在埃默农维尔花园里的珀普利耶岛（Île des Peupliers；法语字面意思为"杨树岛"），他掩映在又高又细的杨树之中的坟墓成了自由、平等和博爱的象征。1789 年巴士底狱被攻占后，一种版画开始流行起来，画上是胜利的革命分子种植着一棵高高的、像杆子一样的自由之树，这棵树就是新共和国的象征。忽然之间，种植一棵杨树就意味着种下一棵自由之树。

虽然这种杨树似乎是一片风景中最醒目的树种之一，但我们必须记得，这种形似雪茄的细长身影只属于钻天杨这个品种，而且是相对较晚才来到英国的。在它抵达之前，其实还包括之后的几十年里，绝大多数英国人想到的杨树都是树冠宽阔的大型落叶树，扑扇着银色和绿色相间的叶片。它们是在本地河流两岸大量生长的本土物种，在落日的映照下熠熠生辉，像是巨大的花边灯笼，它们今天也是如此，只是辨识度通常不如它们的意大利亲戚。杨树这个类群

123

实际上庞大得令人困惑，而且不同品种并不总是容易辨别。银白杨应该是最容易鉴定的，因为它拥有长着菱形皮孔的浅灰色树干，以及布满白色茸毛的奇特叶片，叶背面摸上去像小山羊皮。在混合林中，银白杨会在夏日正午闪闪发光，仿佛被月光漂洗过。在古代学者的想象中，通往冥界的波光粼粼的冥河两岸生长着这些树。而现在，这种树为英国那些寻常的道路增添了一丝神秘而恢宏的气息。

银灰杨的树形与银白杨相似，但是树身更大更饱满。这个品种是银白杨和欧洲山杨杂交出来的，所以它的树叶与两个亲本都有相似之处，正面绿色光滑，背面有银色茸毛。如果任其生长，银灰杨的寿命可达 200 多年，高度可超过 40 米。奥法利郡伯尔城堡庄园中央的那棵大树，是不列颠群岛最大的银灰杨，本该是爱尔兰参加 2014 年欧洲年度树木评选的最佳选手，然而就在 2014 年 2 月 13 日，它被一场剧烈的风暴吹倒了。这棵古老的杨树倒在河岸上的样子，就像是一位伟大的领袖庄严地躺在灵柩里，让人们致以最后的敬意。很奇怪的是，一棵树的意义可以在一夜之间彻底改变，由代表力量性和稳定性的图腾变为失败、悲苦和脆弱的象征，实际上最后只不过是一堆薪柴。

黑杨一度在英国、欧洲中部和南部都很常见，它们茂盛地生长在冲积平原和流速缓慢的河边沼泽洼地中。战后，城区迅速扩张，水渍地被再利用。这意味着很多黑杨的自然栖息地都消失了，因为它的种子只有在 6 月至 10 月间落入裸露、开阔土地的湿润泥土中才会发芽。这个树种是雌雄异株的，所以授粉需要雄株和雌株同在，一旦种群密度下降，自然恢复的概率就会很低。奇怪的是，精力充沛、容易生长的钻天杨也是黑杨的一种，但是对迅速变化的现代环境的适应能力却强得多。底部树枝呈拱形的巨大黑杨如今是英国最濒危的成材树，它们是如此稀有，以至于当纽卡斯尔的开发商计划清理位于市中心的圣维利布罗德和诸圣教堂的院子，而里面的古树刚被国家杨树记录机构定为濒危物种时，就立刻终止了这一计划。这些大树现在显得有些忧郁，高高地耸立在码头上方山丘的坟墓旁，边上是那座宏伟的、弃置不用的巴洛克式教堂。在为伊丽莎白女王即位五十周年庆典评选出的 50 棵"大英之树"中，有埃塞克斯郡世界尽头森林的那棵黑杨，入选的部分理由是稀有。还会有什么树更适合种在世界尽头呢？即使不是世界末日，黑杨也是一种日益凋零的树。

英国本土黑杨的树叶不如某些品种柔软，但它们的独特之处是非常明显的心形。当丁尼生描述新娘玛丽安娜被遗弃在黑暗沼泽中一座深沟围绕的农场里时，为了说明方圆数里的荒凉程度，他写道，与玛丽安娜相伴的只有一棵孤零零的杨树，"银色与绿色相间，树干上满是瘤子"。当他这样写的时候，心里想的可能就是本土黑杨。随着年龄增长，杨树会失去光滑的树皮，树干长满麻点和深深的皱纹，但最辛酸的是，本土杨树每年不可避免地掉叶子，就像是凋零的心纷纷坠落。

虽然欧洲的黑杨种群正面临着不可逆转的衰退和灭绝的危险，但仍有希望。2010 年，皇家财产局发起一项计划，致力于逆转黑杨在英国骤减的趋势，方法是采集萨默塞特郡邓斯特庄园的幼嫩枝条种植，这座庄园是黑杨为数不多的聚居地之一。还有人用个人行动捍卫这个珍稀树种。"幽灵植树者"罗杰·杰夫考特单枪匹马地投入到种群恢复的工作中，花了很多时间在乡村寻找能够种植黑杨树苗的空地，甚至在米尔顿凯恩斯一个路口环岛的中央成功种下一棵。激励他的是更早的一位杨树专家、环保主义先驱埃德加·米尔恩－雷德黑德，后者在 1973 年至 1978 年间完成了对本土黑杨分布状况的大规模调查，成为关注它们困境的第一人。作为邱园的一名植物学家，米尔恩－雷德黑德的研究促使杰夫考特开始用插条繁殖杨树，并在文章和广播节目中呼吁民众支持杨树的复兴。树木的生存还是要依靠集体努力，尤其是当人们对某种树熟悉到视而不见的时候，更需要知道它在发生着什么。

作为英国的另一种本土杨树，欧洲山杨的未来乐观得多，因为这些树木广泛分布在北半球，也常见于苏格兰和英格兰的北部。尽管欧洲山杨颇为耐寒，而且能够忍耐冰冷的寒冬风暴，但它从未以强健著称。它的植物学学名 *Populus tremula* 反映了它最突出的物理特性，这是一种颤抖的杨树，它的叶片一直在摇动。即使是在 9 月的清晨，当其他树木还在安静地沉睡，繁茂的树叶全都包裹在轻柔的晨雾中时，欧洲山杨又长又细的枝条就会开始摇动，仿佛被一阵并不存在的微风吹拂。约翰·济慈在他未完成的史诗《海伯利安》中构思地球上那些被推翻的古老力量形象，将被击败的异教徒神祇首领描述为拥有黯淡的眼睛、麻痹的舌头，以及颤抖的胡须，"像有毛病的山杨一样"。欧洲山杨的动作像是遭受过重创，是一种安静的震颤，力道正好足以惊扰一切安宁。

在英国的某些地区，人们相信耶稣受刑的十字架的木材来自颤抖的欧洲山杨，此后这种树就一直带着愧疚颤抖着。在从苏格兰高地和群岛搜集的口头诗歌集中，19 世纪民俗学者亚历山大·卡迈克尔收录了一则咒语，它的开头是："诅咒你，山杨树！你身上钉死了山地之王！"华兹华斯的叙事诗《鹿跳泉》讲述了发生在文斯利代尔的一场中世纪捕猎，贪婪的沃尔特爵士鞭打了一整天自己的马匹和狗，拼命追捕一头鹿，直到他的猎物最终力竭而死，倒在它出生的泉水旁边。这个残酷无情之人痴迷于打猎的故事在约克郡的风景中留下了永久的伤疤。几个世纪后，当沃尔特爵士的其他痕迹都已消失得无影无踪，这个地标变成了"山杨树那毫无生机的树桩"。实际上，腐烂的欧洲山杨对昆虫学家来说很有价值，因为它为许多珍稀昆虫提供了乐园，包括橙色山杨食蚜蝇。但是对于那些不那么关心昆虫保育的人来说，这些颤抖的、被真菌感染的树木更容易引起怀疑或怜悯之情。

　　杨树常常被塑造成暴行的目击者。在古典神话中，法厄同在驾驶太阳马车时灾难性地失去了对神马的控制，一头栽到地上，他的姐妹们悲痛得变成了树。古罗马诗人奥维德描述了这个恐怖的过程，树皮开始环绕她们的大腿，逐渐蔓延到她们的全身，直到只剩下嘴唇，"徒劳地呼唤她们的母亲"。虽然奥维德没有明确指出她们变成了哪种树，但意大利这个地域背景让一代又一代的画家描绘震惊的少女变成钻天杨的场景。许多个世纪后，在大西洋的对岸，杨树继续出现在令人不安的场景里。在比利·霍利迪（Billie Holiday）的名曲《奇怪的果实》中，"吊在杨树上的奇怪果实"指的是美国南方各州被实施私刑的黑人受害者，巨大的三角叶杨那强壮的分枝为白人帮派提供了简易的绞刑架。

　　并非所有美洲杨树都有如此深沉的内涵。香脂杨的天然香味如此美妙，以至于被称为"基列的乳香"，是《圣经》中可以治疗所有病痛的芳香药物。喜爱阳光的弗里蒙特三角叶杨分布于美国西南部各州和墨西哥，是维生素 C 的理想来源，并为美洲原住民提供了传统药物和治伤疗法。欧洲早期殖民者常有的误认意味着有些被称为杨树的美洲树木其实并不是杨树，例如，北美鹅掌楸的英文名是"tulip poplar"（字面意思为"郁金香杨树"），但这种有着黄色花瓣的美丽树木和杨树并没有亲缘关系，只是因为它多皱的树干和宽大、颤动的树叶令人想起旧世界的杨树才得名。

　　杨树拥有众多种类，而且它们很容易种间杂交，这对现代植物学家们来说是一项极具诱惑性的挑战。2006 年，毛果杨，又称黑三角叶杨或加利福尼亚杨，成为全世界第一种全部 DNA 得到测序的杨树。位于加利福尼亚的国际遗传学家团队希望通过全面分析这种杨树的 DNA 揭示树木的遗传结构。这项研究正在催生树木育种方面的应用性试验，育种目标包括减少碳排放和植物病害、发展生物燃料和生物降解塑料等。使用木质素进行基因修饰可以得到易分解的新型杨木，减少造纸过程中对化学品的需求。基因改良过的杨树还拥有更强的修复能力，能更好地净化工业区的重金属污染物。然而，所有这些振奋人心的突破都有风险，种植转基因树木的后果也不得而知。它们对土壤生态或微生物群落的影响还没有得到全面检测，而且考虑到杨树强大的繁殖能力，如果出现任何不可预见的后果，转基因树木能否被控制也令人担忧。2001年，这个充满争议的问题挑起了激烈的社会情绪，被转基因杨树这一想法惹怒的激进分子甚至向华盛顿大学的城市园艺中心投掷了燃烧瓶。

当然，由于喜水，杨树一直是最好的薪柴树种。较高的含水量让它燃烧缓慢，因此成为制作烘箱的好选择。在什罗普郡，都铎王朝时代半木结构房屋的地板和上层常用当地杨木建造，因为它经受住火灾的概率更大。燃烧迟缓的特性意味着杨木还是做风箱和火柴的最佳选择，用杨木做的火柴不会很快就烧到胡子或手指。一盒火柴是如此令人熟悉，如此家常，如此大规模地被制造，以至于我们很少将这些很有用的微型火炬看作一棵活树的遗迹。不过，古罗马的年轻武士会戴上用银白杨叶编成的花环，以此向海格立斯致敬，因为这位大力士在击败喷火的穴居怪物卡库斯之后，就为自己戴上了用圣树的银色树叶做成的冠冕。

杨树有很多用途。钻天杨长成绿色屏风的速度比大多数树木都快，因此它很早就是园林造景中非常有用的角色。随着塑料大棚的迅速推广，现在的钻天杨不但可以将这些闪闪发光的塑料小棚屋隐藏起来，还能保护它们免遭风暴的破坏。钻天杨和其他杨树郁郁葱葱的树枝为牲畜提供了阴凉，还能砍下来喂牛。最近的研究发现，母鸡在林荫地里感觉更安全，所以杨树虽然不是母鸡的栖息地，却为散养的鸡群提供了完美的环境。放松的鸡更愿意在新鲜的空气下释放自己，从而成就了更健康的鸡舍和更苗壮的杨树。虽然树苗长

● 18世纪末卖火柴的小贩

得很快，但人们也常常对成年杨树使用传统的截顶法以重焕活力。这种截去树木顶端的方法可以延长它们的生命，因为新枝会从缩短的树干上萌发出来。一棵被截顶的杨树，就像是一只巨大的、刚刚修剪了毛的鬈毛狗，光秃秃的树干很快便会萌生出一圈成簇的茂密叶片。这也许意味着更少的树荫，但是也意味着更多的牛饲料。

杨树一直在为细木工匠提供易得的再生材料。这种重量轻的木头适合做鞋跟、木屐和运货马车的车轮，更不用说至今仍在使用杨木制造的碗、托盘和水果篮了。这种木材颜色较浅，因此成为很受欢迎的地板板材。杨树为葡萄和啤酒花提供了有生命力的支杆，而它们的细枝可以做成扫帚，树叶的汁液可以治疗耳痛。杨树现在仍然被需要，作为英国生长最快的阔叶树，它是少数符合英国政府能源作物计划的树种之一，该计划鼓励农民种植有助于减少对化石燃料依赖的作物。

尽管杨树的商业化种植有诸多好处，但对于那些单纯喜爱树木的人来说，木材贸易常会令他们不安。当18世纪诗人柯珀看到他最喜爱的树木被砍倒时惊骇莫名：

> 杨树被砍倒了，再见，阴凉
> 还有凉爽柱廊的窃窃私语，
> 风不再流连，不再在树叶中歌唱，
> 乌斯河的中央也不再倒映出它们的倩影。

杨树的形象几乎和伐木密不可分。对伐木行为的沮丧情绪如今比较常见，但这首诗大概是第一次有力地将其表达出来。之所以有力，是因为它给人的感觉非常像丧亲之痛。

在克劳德·莫奈的一套著名系列画作中，高高的杨树矗立在吉维尼附近蜿蜒曲折的埃普特河畔，然而画面中宁静的氛围和实际状况大相径庭。当莫奈得知这些树将被砍倒时，他才画了一半，于是不得不出钱购买这些树。莫奈和土地的主人讨价还价，使这些杨树推迟受刑，继续不知情地充当这位画家的模特。莫奈在他色彩斑斓的印象主义系列画中捕捉了这条河的动态，也使这些难逃厄运的杨树在后世永远占有了一席之地，并继续受人敬仰。而它们最初的主人和木材商都已被人遗忘。

对于这种树的毁灭，或许杰勒德·曼利·霍普金斯的情绪反应最激烈。当时他正在牛津郡的圣阿洛伊修斯教堂当牧师，而滨尼斯泰晤士河沿岸水草地中的杨树被砍倒了：

> 我亲爱的山杨树，轻盈的树枝没了生气，
> 离开跃升的太阳，活生生地倒进水里，
> 所有树都被砍倒，砍倒，全部砍倒；
> 整整一排鲜活的树
> 没有幸存者，一个也没有……

霍普金斯被整整一排杨树的毁灭深深震撼。对他来说，这不只是美学的问题，而是精神上的肆意破坏，因为在他眼中，每一棵树独特的美都是上帝赋予的。这些树是神性的生动表达，非凡独特，不可替代。在维多利亚时代的英国，工业化如火如荼地进行着，霍普金斯敏锐地意识到了他口中所称的人的"污迹"，砍倒杨树象征着现代化对大自然满不在乎的残害。而我想知道的是，对于如今经过生物工程改造以治理污染的杨树，霍普金斯会有什么看法？

冬青

我们很难去想象一个史前的地球，一颗完全没有被人类活动影响过的星球。仅仅凭借一些灭绝生物的石化牙齿和骨头，科幻小说家、电影制片人和电脑动画创作者就能制造出一个共同的幻想世界。在这里，翼手龙伸着长长的爪子在浓密的森林中尖叫，来回穿梭在绳索般的攀缘植物之间，而长着鲨鱼般强健下颚的生物在斑斓奇异的海水中滑行，威胁着不适宜人类居住的海岸，岸边是恐龙在干旱、崎岖的悬崖的红色阴影中肆虐。我们狂野的想象力在这里驰骋，因为我们确信这一切都只属于一个消逝已久的虚构时代。然而，这些化石记录还揭示了在数亿年前的白垩纪，曾经茂盛生长在地球上的各种奇特植物中，就有冬青树。忽然之间，遥远的恐龙时代被拉近了。在时间开始之前，这种人们熟悉的树在世界上占据着什么位置呢？古生物学家已经发现霸王龙会对路过的三角龙发泄它那惊人的食欲，但许多不那么凶残的恐龙更喜欢吃素。对于皮肤粗厚、身披盔甲，背上有骨板和尖刺的剑龙来说，还有什么会比冬青更美味可口呢？在食草恐龙的威胁下，又有哪种树比冬青更能存活下来呢？

刚一出现有能力记录自己所见的人类，冬青就立刻因它的坚忍品质而备受敬仰。这种冰河时代的幸存者受到了古罗马人的追捧，他们将它与古老的农神萨图恩联系起来，这位神祇掌管漆黑寒冷的季节。古老的农神节定在 12 月冬至前后，白昼很短，庆祝时间很长。当其他树木全都形销骨立，白蜡树仍然覆盖着为了应对漫长冰冷的冬季而锁住水分的蜡质绿叶，显得更加生机勃勃。冬青树枝醒目而有光泽，缀满浆果，它被带入室内，点亮人心和炉火。冬青是失序之王，充满反叛精神，在最严寒的冬季绽放生命的光辉。虽然萨图恩大胆的异教徒派对和胜利花环逐渐与耶稣血淋淋的荆棘王冠和永生承诺融为一体，但热情洋溢的农神节风俗后来变成了基督教传统。这种植物的盎格鲁-撒克逊语名字"*hollin*"与现代英语单词"holiness"（神圣）和"holidays"（假日）拥有同样的词源，这也让它成为庆祝圣诞节的最佳树种。

因此，冬青树有一个并不值得羡慕的特点，那就是每年有十一个半月看上去都没有什么季相变化。虽然冬青是最闪亮的常绿树木之一，拥有耀眼的光滑蜡质叶片，但大多数人平常基本见不到它，除了12月的那两周，届时它会突然出现在所有地方。我们不会被针垫似的叶片吓住，总是喜欢用手指戳一戳摆在照片和门框周围的鲜

●狄更斯的《圣诞颂歌》目录页上的冬青和常春藤花环

红色浆果，或者用翠绿的小枝装饰窗台。采来的树枝就算多日不接触水也能保持最初的光泽，将冬青的坚忍体现得淋漓尽致。如果一直置之不理，一枝冬青最终会彻底干燥，稍稍褪成浅橄榄绿色，但是像针尖一样的锋利程度丝毫不会减弱。从侧面看，干掉的冬青很像一条鳄鱼，正在张开夺命的下颚。尽管如此，我们每年还是坚定地欢迎这种树来到家里，把它的叶片摆在前门向客人致以欢快的问候。编织冬青花环需要极大的毅力，因为冬青枝条的韧性很强，被迫弯成环状时会用力反抗，并用尖锐的刺表明自己的叛逆态度。常绿树的种类如此丰富，可偏偏是最多刺的冬青一直在圣诞季大行其道。不过，它确实是一种非常顽强的树。

这些闪闪发光、极具立体感、向四面八方伸出尖刺的树叶，还有其他能够渲染圣诞气氛的东西。一旦我们开始用冬青的枝条装饰门厅，接下来会发生什么就毫无疑问了。在莎士比亚的精巧喜剧《皆大欢喜》中，他很快就使用了最显而易见的节日旋律"嘿吼，冬青树（holly）/生活多欢乐（jolly）"。不过人们往往会忘记，在这两句意料之中的台词之前，是回忆冬季严寒和人生挫败的台词：

> 吹吧，吹吧，冬天的寒风，
>
> 你是如此无情，
>
> 就像人的不知感恩。
>
> 你的牙齿不那么敏锐，
>
> 因为你是看不见的，
>
> 不过你的呼吸那么粗鲁。
>
> 嘿吼，唱出嘿吼，向绿色的冬青树。
>
> 大多数友情是伪装的，大多数爱情只是在犯蠢。
>
> 嘿吼，冬青树；
>
> 生活多欢乐。

莎士比亚的冬青颂歌不是一首温馨的圣诞热门歌曲，而是一声鼓动人们对抗孤独、绝望和死亡的召唤。冬青树统治着绿林，为无情、背叛和不公的受害者提供庇护所，而后者会从中发现与眼下不利处境抗争的方法。因此，冬青在冬季的大行其道并不一定是失序的短暂胜利，而是令人振奋的、对事物正常秩序的反击。这种树可以刺破人的过度膨胀，在最冷冽的寒风中引发欢声笑语。

冬青为人类提供的是过冬的燃料，为绵羊和牛提供的是富含能量的食物，而夺目的浆果会在最严酷的冬天维持鸟类的生命。在槲寄生稀有的地区，一种名为槲鸫的鸟常常被叫作"冬青鸫"，因为这种鸟非常喜欢这种多刺树木的果实。不过在人类的影响下，冬青树还展现出了欺骗和背叛的能力。将冬青树的树皮剥下来，经过浸泡、煮沸、发酵和捣碎等一道道工序，就能制出最黏稠的物质，这种天然胶被称为"粘鸟胶"，抹在光秃秃的小枝上就能粘住鸣鸟。直至今日，许多国家的人仍然热衷于用这种方法捕食它们。不只是鸫鸟、红雀和雀鸟容易被牢牢粘在抹了粘鸟胶的树枝上，当湖区的农民意识到冬青的胶也可以粘在船上装载的货物之后，英国境内的所有昆虫立刻受到了威胁。是偷猎者的帮手还是天然杀虫剂？冬青树这种黏稠的副产品究竟是好是坏，取决于那些用它达到何种目的的人。

冬青木也总是被迫伪装。由于从热带进口的木材十分昂贵，比如乌木和红木，英国木工常常将坚硬、致密、浅色的冬青木材染成深色使用。你可能拥有一套全部用冬青木雕刻的象棋，染色的棋子与未染色的棋子在棋盘上厮杀。如果你将这套象棋放进坦布里奇式木盒里，这个木盒也可能是冬青木做的，因为维多利亚时代的人们非常喜欢这种精致的白色木头。无论是雏菊花瓣、蝴蝶标记、燕子的肚子和方格图案，还是浅色的天空、明亮的窗户和白雪覆盖的屋顶，冬青树的木头都是这种精细工艺不可缺少的部分，与各种金色、砖红色、深巧克力色和大麦色形成极为鲜明的对比。作为一种耐寒的本土树种，冬青比较容易获得。它的耐腐蚀性足以替代黄杨木，所以手头拮据的雕工会使用冬青木做木版。他们的工具以及茶壶的把手也常常来自冬青，而使用细线绣出复杂图案的蕾丝女工所用的卷线筒，也是用这种漂亮的白色木头做成的。

冬青树本身虽然受到广泛认可，但也曾被认错过。因弗内斯郡的考德堡之所以有名，不只是因为它出现在《麦克白》里，还因为一棵传奇的荆棘树，它已经在这座古代要塞里生长许多年了。当地传说，一位早期考德领主做了个梦，有人在梦里吩咐他找一头驴子驮上黄金，将驴子放开，然后跟在它后面，它停下脚步的地方就是他应该建造自己城堡的地方。于是这位领主照做了，当那头驴子停在一棵荆棘树旁吃草时，考德堡的选址就这样确定了。许多个世纪后，当塞缪尔·约翰逊博士和他年轻的旅伴詹姆斯·博斯韦尔在前往赫布里底群岛的途中来到考德时，他们十分惊讶地看到那棵古荆棘高高耸立，"仿佛是穿过城堡各个房间的一根木头柱子"。如果他们知道21世纪的DNA检测将会揭示出考德堡这棵传奇荆棘其实是冬青树，肯定会更吃惊。

虽然这个发现或许会让关于考德荆棘的古老传说和歌谣显得不那么可信，但它是一棵冬青树的事实也许并不是一件坏事，尤其是在传说中麦克白的家里，因为冬青的传统作用之一就是防御女巫。冬青浆果常常被种在屋外，确保一棵强壮的、生长缓慢的冬青树永远生长在那里，阻挡心怀歹意的来客和邪灵。冬青一直是很受欢迎的树篱材料，一个原因是实用，它们天然坚硬多刺的枝叶会阻止入侵者，另一个原因是人们对它们神秘的保护力深信不疑。理查德·梅比的权威著作《不列颠植物志》记录了一些关于冬青树挥之不去的信念。在白金汉郡，人们普遍反对砍倒冬青树，担心这样做会释放女巫。而在东苏塞克斯郡，农民会让间隔排列的冬青树高高地生长在树篱上方，在当地的古老信仰中，这些树可以阻止女巫沿着树篱顶部逃跑。甚至在树篱被铲除以扩大土地面积的时候，冬青树也常常被单独留下来。也许是为了标记旧边界，也许是为了避免任何神秘而不祥的后果产生。

你该如何区分真正的冬青树和假的冬青树呢？毕竟几乎每一种叶片带刺的树都曾被叫作某某"冬青"。冬青栎和冬青树并没有真正的亲缘关系，但是由于它那常绿特性和尖端如针的叶片，它的俗名和拉丁学名都借用了冬青的名字。胭脂虫栎也曾经和冬青树弄混过，这种树拥有坚韧的常绿树叶和住在树上的鲜红色甲虫。英文名为"sea holly"（字面意思为"海冬青"；中文名是海滨刺芹）和"knee holly"（字面意思为"膝冬青"；中文名是假叶树）的植物和冬青树都没有任何亲缘关系。它们属于完全不同的物种，前者是一种刺芹，后者是一种假叶树。当人们都通过某种特别突出的特征辨认一种树时，例如血红色的浆果或者带刺的叶片，具有类似特征的其他植物就很可能以它的名字命名，不管植物学家对此是什么意见。

例如，当欧洲拓荒者终于抵达美洲西海岸时，发现了一种结着成串鲜红色浆果、长着常绿叶片的树，这让他们想起故乡常见的另一个物种，于是将它命名为"加利福尼亚冬青"。这个物种现在被归入假苹果属，学名是 *Heteromeles arbutiflora*，它还有一个广为人知的名字——"托永树"。或许这是最好的结果，美国电影行业并未纠正最初的错误，否则，"弗朗基去了托永坞"听上去就不那么对味了。对于加利福尼亚的电影制片业而言，"好莱坞"（Hollywood；字面意思为"冬青树林"）是个完美的名字，在那个光鲜亮丽的世界，闪闪发亮的东西从不只局限于12月的两个星期，就连山腰上那些巨大的标志性字母也奇怪地令人想起冬青的白色木材。

冬青这个名字引起的混乱拥有如此漫长的历史，一点也不出乎意料，因为除了所有这些"假"冬青之外，真正的冬青还有许多不

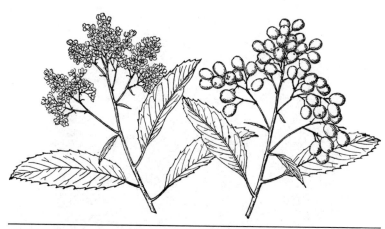

●假苹果属植物 *Heteromeles arbutiflora*，俗称"托永树"

同的品种。在某些种类的真冬青中，树叶不是单色而是花色的，界限分明的绿色仿佛是油画颜料在奶油色的底子上迅速刷过。有时可以看出树叶上有金色或银色边缘向外伸出，就像是位于夏日森林最远端的一座圆顶马戏帐篷。有些冬青树的叶片更加顺滑，尤其是成年树木顶端枝条长出的叶片，往往没有那么扎人，人们因此将冬青视为性格随着年龄增长而变得平和的象征。有些品种的冬青会长成高耸的绿色圆锥塔，叶片十分光滑，以至于常常被错认为某种从国外引进的热带常绿树，而不是耐寒的本地树种。另一些冬青，例如"凶猛"冬青，其英文名"hedgehog holly"的意思是"刺猬冬青"，除了叶片边缘有刺之外，就连叶片表面也布满了刺。此外，并非所有的冬青浆果都是鲜红色的，有些种类的簇生浆果是黄色或金色的，例如"巴奇金发"和"金发女郎"。而黑果冬青的果实，顾名思义，是黑色的。

冬青树惊人的品种多样性催生了许多可爱的名字，例如叶片的波浪形最明显的"金发挤奶女工"、叶片颜色浅而发亮的"月光冬青"以及诗意少了许多的"皮革叶"。很多名字都和帝王有关，显然是为

●在威斯特摩兰的布拉夫举办的火炬游行

了致敬冬青那珠宝般的浆果和仿佛被金银装饰的叶片。不过这些名字可能具有误导性，"金发女王"和"银发女王"都是雄性品种，而"金发国王"和"银发挤奶男工"则是雌性品种。用植物学术语来讲，冬青是雌雄异株的，也就是说雄花和雌花生长在不同的树上，这就是为什么别人常常建议我们将好几棵冬青种在一起，以确保结出大量浆果，因为果实只生长在雌树上，而雌树只有在被附近的雄树授精之后才会结果。成年冬青树不耐移植，所以在种植一批树苗时一定要留出足够的生长空间，以免这些树努力舒展并长到最高最大时，某棵雌树不经意间沦落到无法接触雄树的境地。在自然生态环境中，年龄较大的冬青树会保持距离，所以在位于什罗普郡山区的斯蒂珀岩层，被称为"The Hollies"（意为"那些冬青"）的古老冬青森林在赤裸的山脊上延伸开来，让每一棵布满瘤子的老树都享有自己的空间。

冬青最引人注目的特征是鲜艳的浆果，只属于雌树，但这种树一直是男子气概的象征。按照传统的说法，充满反叛精神、多刺的冬青王与统治夏季的、庄严的橡树王在冬季是对手。在中世纪的圣诞故事《高文爵士与绿衣骑士》中，高文爵士那令人敬畏的绿衣对手拿着一根冬青树枝，蕴含着这个古老传说的力量。正如我们从这首熟悉的圣诞颂歌里所知的那样，在森林中的所有树木中，佩戴王冠的是冬青。这个冬季之王一直统治到主显节前夕，届时在英国的很多地区，人们会用多余的冬青装饰燃起熊熊篝火。曾经在新年用一根火柴点燃节日冬青树叶的人都知道，它们有多么易燃。所以，不难想象在威斯特摩兰的布拉夫每年1月6日举办的火炬游行会是怎样壮观的景象，一整棵冬青树会在典礼上被点燃，游行队伍抬着它穿行在黑夜中。

不过在很多地方，冬末忏悔节的庆祝方式是"冬青男孩"（用冬青做成的人像）狂欢，届时他们将在村庄的街道上游行，而"常春藤女孩"应该躲得远远的。毕竟，一棵雄性冬青树能够为附近任意数量的雌树授精，而并不是每个女孩都想珠胎暗结。很可能就是这种劲爆的名声让罗伯特·彭斯对冬青产生兴趣。在他幻想的缪斯来访的场景中，美到令人目眩的女神来到他的村舍，带着"翠绿、细长、披着叶片的冬青枝条……扭曲着，优雅地环绕着她的眉毛"，在阐明他作为一名苏格兰吟游诗人的责任之后，她为自己的信徒加冕，作为这次来访的结束：

> 戴上这个，她庄严地说，
> 然后将那枝冬青缠绕在我头上；
> 叶片光滑，浆果鲜红，
> 沙沙作响；
> 接着，就像一闪而过的念头，她走了，
> 转瞬之间。

彭斯认为，在自己担任喀里多尼亚（苏格兰古代的别名）吟游诗人的就职仪式上，生机勃勃、有男子气概、土生土长的冬青冠冕比古典时代的桂冠好得多，尤其是它恶作剧式的自嘲个性一定能够刺破任何浮夸。在彭斯青年时代的这场幻想过去50多年后，已经年届七旬的桂冠诗人威廉·华兹华斯拿起一把浆果，播种在位于格拉斯米尔边缘伊斯代尔的弗莱彻夫人家里，纪念头戴冬青冠冕的英雄。前往湖区的游客如今仍然可以仔细搜寻兰克里格地面上这些极具文学气息的冬青树浆果。

然而，由于如今出现了更女性化的联系，冬青的名声已经中性化多了。如今，它成了很受欢迎的女孩名字"霍利"（Holly），尤其是那些12月末出生的小女孩。霍利·库姆斯和霍利·麦迪逊都是在12月出生的（不过也有很多其他叫霍利的名人是春天出生的）。自从奥黛丽·赫本在电影《蒂芙尼的早餐》中俘获了全世界的人心后，"霍利"这个名字就在20世纪60年代流行起来了。在杜鲁门·卡波特最初的剧本中，主人公的名字叫康妮·古斯塔夫森，不过幸运的是，他改变了主意，于是她变成了霍利迪·戈莱特利，而昵称"霍利"更广为人知。很难想象有人会比卡波特轻浮的女主角更不像这种讨厌移植、固执、生长缓慢且多刺的常绿树木。不过，冬青树为这样一个缤纷多彩、魅力十足、反抗传统、外表美丽却不代表一切，并且崇尚精神自由的角色提供了灵感来源，在某种程度上也是恰如其分的。

●奥黛丽·赫本扮演的霍利·戈莱特利

假挪威槭

现在很多铁路公司从 10 月初开始实行特殊的"落叶时间表"，例行公事地提醒乘客火车的到站时间可能"比显示的晚最多 3 分钟"。这种做法针对的是一个在 20 世纪 90 年代登上报纸头条的问题——"铁轨上的落叶"，美国人称之为"滑铁轨"，至今仍然季节性地时不时出现在政党会议上。每年秋季，一阵阵潮湿的树叶落在轨道上并被轧实，变得光滑的铁轨会导致火车打滑。清理工作耗费时间和金钱，却是必须的，否则火车就无法安全运行。通勤者已经面临着乏味、昂贵、日复一日的火车旅途，自然不乐意回家的旅程变得更长。于是，"铁轨上的落叶"变成了一句英国的习语，形容无法有效应对天气的异常，还被当作一个笑料。它甚至出现在一本自助指南图书《如何有效投诉铁轨上的落叶？》的书名上，而许多不满的乘客寄给《每日电讯报》的投诉信上也会使用这句习语。然而，这些恼人的树叶从何而来呢？假挪威槭应该是罪魁祸首。

这些熟悉的树木枝叶繁茂，沿着许多郊区铁道线生长，为乘客遮挡不雅观的废弃仓库，也为城市花园隔绝火车经过时的噪声。但是随着季节变化，它们就变成了背叛者。郁郁葱葱并热情友好地向我们招手的绿色迎宾员不见了，取而代之的是枯瘦的骨架，嘲笑我们被耽搁的行程。当威廉·布莱克观察到"每个人看到的东西并不一样：让一个人感动到流泪的树，在另一个人看来，只是一团挡道的绿色东西"时，他的脑子里想的很可能就是假挪威槭，因为大概没有其他树木拥有如此两极分化的评价。

如果说假挪威槭柔软、平整、繁多的叶片会使通勤者在秋天血压飙升的话，那它分泌的树液似乎会引发更多牢骚。在皇家园艺学会的网站上，园丁们怨声载道，一条愤怒的评论是这样写的："假挪威槭，啊啊啊啊！它先是像下雨一样掉叶子，现在又开始掉树液和树液滋生出来的各种昆虫。树液到处都是，让所有花园家具都变得黏糊糊的……它就是一场难闻的、黏稠的噩梦！"这条评论引发了一连串如何应对假挪威槭的回应，这种树很显然给许多人留下了"问题树木"的印象。这并不是一种现代社会特有的愤怒，1664年，当伊夫林出版《森林志》时，假挪威槭就已经制造这种麻烦了，"沾满了蜜露的叶片……落得很早，并且变成一摊黏糊糊的东西"。这种腐烂的棕色糊状物不但肮脏不美观，还是"害虫"的家园。假挪威槭树叶上覆盖的这些"蜜露"，是由大群靠丰富的树液生活的蚜虫排泄出来的黏稠物质。虽然在步行区种得越来越多，以创造出美丽、有阴凉的小道，但在伊夫林眼中，假挪威槭一无是处，只是"污染和破坏了我们的散步"，因此应该"驱逐出所有花园和林荫大道"。这也是黏稠的树液噩梦以及"铁轨上的落叶"的早期版本。

然而，"蜜露"叶片这个概念还拥有一种神奇的、天堂之乳的气质。在诗人约翰·克莱尔看来，"华丽的假挪威槭"那繁多而浓密、像阳光一样灿烂的绿色叶片是春天的荣耀装饰之一。尽管它在文雅的场合没有一席之地，但在克莱尔眼里，它是田野中的贵族，一位"丰裕的美人"，准备与所有来客分享它的富饶，那甜甜的树液和黏稠的叶片也不是园丁的麻烦，而是一件献给世界的很棒的礼物。他还请求人们倾听昆虫的嗡嗡作响，观赏那"快乐的蜜蜂，扇动着渴望的翅膀进食 / 在宽阔的叶子上，享用着蜜露"，你几乎能听到蜜蜂飞到这些具有争议性的树叶上的声音。而诗人选择与这些"快乐的精灵"为伍，从自然赠予的美味资源中汲取灵感，激发自己的想象力。

虽然克莱尔是个喜欢怀旧的诗人，但在理解假挪威槭的生态学贡献上，他却远远领先于自己的时代，人们花了很长时间才意识到这些常见蜜蜂的真正重要性——它们是授粉者，是捍卫食物安全的卫士。作为蚜虫生活的大都会，假挪威槭还滋养了大批雨燕和家燕，更不用说蓝山雀、庭园林莺、知更鸟和棕柳莺了，所以它是蜂类和鸟类共同的食堂。对于那些自家花园被一棵茂盛的假挪威槭变成虫子乐园或者鸟类公共厕所的人而言，这或许是微不足道的安慰，但这棵树确实在花园的自然生态中发挥着重要作用。假挪威槭的树液提取出来还可以煮沸制成糖浆，或者任其发酵酿酒。想要尝试自给自足或者节俭生活的人可以学一学从这些黏糊糊的树干上获益的蜜蜂，而不是他们那些厌恶树液的邻居。

在很多人看来，假挪威槭似乎是一种过于慷慨大方的树。它打破了合理的比例，而且似乎揭露出潜伏在人们心中清教徒般对过剩现象的焦虑。它是丰富之树，拥有太多的树液、太多的叶片。其实，是太多的假挪威槭。在每一个转角，这种树粗野的健康和活力都不利于它自己。假挪威槭木坚硬得和橡木一样，但是远不如橡木贵重。它是制作擀面杖和木勺的好选择，因为它重量轻，有细腻的纹理，在厨房里使用也显得明亮、清爽，此外还易于清洁。要是制作物美价廉的厨房用品，没有比它更好的材料了。然而，擀面杖不可能像一艘高大的橡木舰船或者精雕细琢的红木雕塑那样被珍视。这种木头属于厨房，不属于宏伟的宴会厅，适合做切菜板，不适合用在董事会会议室。有那么几年，假挪威槭木在威尔士享有盛誉，因为世界上最大的鸳鸯匙（威尔士男子赠给未婚妻的一柄两匙木制羹匙）曾经是用一整根假挪威槭树枝雕刻而成的，长度超过 20 英尺。埃德·哈里森在 1989 年制造的这柄超大勺子如今仍然陈列在加的夫，不过它在 2008 年将这一头衔让给了同时出自哈里森之手的红雪松木鸳鸯匙，其长度是前者的两倍，如今斜倚着陈放在卡利恩。

假挪威槭木从来不会短缺，因此它价值不高。总而言之，抵制假挪威槭的主要理由就是它十分常见。这种茁壮的树木到处萌生，扩散得非常迅速，因为它拥有独特的像螺旋桨一样的种子。这些小而透明的"回旋镖"似乎极度渴望离开枝头，随着每一阵疾风和气流拼命滑翔到最远的地方。种子很容易萌发出幼苗，而且似乎并不在意自己是落在一块修剪整齐的草坪边缘，还是掉入一座被精心照料的玫瑰花圃正中央。这些得意扬扬的小苗通常被当成杂草，根还没有扎下去就被人从土里拔了出来。

实际上，假挪威槭是理查德·梅比出版的图书《杂草》中出现的极少数树木之一，这也指出了它另一个不受欢迎的特点——"外来者"。和那些受人尊敬的橡树和白蜡树不同，人们普遍认为假挪威槭是非本土物种，15 世纪末才被引入英国。如果不是假挪威槭繁殖能力惊人的话，这一点根本不算什么。假挪威槭生长迅速，扩散也迅速，在很多人眼中它都是外来入侵物种，赶走可怜的本土树种，用它遮阳蔽日的树叶夺走野花的阳光。它是植物界的灰松鼠，今天还只出现在这里，明天就到处都是了。

除非有一种可能，假挪威槭其实是本土物种。在牛津大学的基督堂学院，13 世纪的圣弗丽德丝维德圣祠内有假挪威槭树叶的雕刻品，这进一步引发了关于假挪威槭外来身份的争论。据传，为了遵从自己守贞的誓言，弗丽德丝维德从麦西亚国王咄咄逼人的追求下逃脱，藏在了树林里。在她坟墓上方的圆形凸饰上，雕刻着她从一圈树叶中窥视到的景象，至于中世纪的雕刻家当时参考的是不是本地物种，现在已经很难判断了。选择这些裂成五瓣的掌状叶片很可能主要是因其象征意义，以便让人们想起圣痕，也就是耶稣在十字架上受刑时身体上的"五伤"，尤其是这些树叶很像张开的手掌。考古证据的发现也在加剧关于假挪威槭起源的争议，因为它的花粉变成化石之后，很难与栓皮槭的花粉区分开，后者已经在不列颠本土生活了数千年。

即使假挪威槭是从都铎王朝时代才开始生长在英国的，它们也

●圣弗丽德丝维德圣祠，基督堂学院，牛津大学

很难称得上是最近才抵达的物种，对于大多数在乎这种事的人来说，500 年的传承使这种树拥有了值得尊敬的古老血统。（斯昆宫的古假挪威槭据说是苏格兰玛丽女王亲手种植的，这应该会为它增添一些尊贵感。）而且，如果假挪威槭真的是如此具有侵略性的扩张主义

者，那么其他树种是如何经过这么长时间依然生存下来的呢？20世纪70年代初以来，假挪威槭在英国就没有出现过显著增长，而且由于树苗在比较明亮的环境下才能茁壮生长，所以成年假挪威槭的繁茂枝叶是自我调节的，它们更容易生长在其他树木之间的空隙里，而不是同类组成的密林中。此外，关于物种起源这方面的问题不管怎样都是受时代潮流影响的。在19世纪，受到追捧的正是拥有异国情调的进口物种，如园艺学家约翰·劳登所说："在所有得到应用的乔木和灌木中，对于辨别哪些是外国种类、哪些是本土种类的改良品种，任何一位秉承现代生活方式的居民都不会是门外汉。"对于维多利亚时代追求时尚的英国人而言，哪些树是本土物种这个问题拥有和现在完全不一样的内涵。当时的英国花园正在变成民族国际主义的象征，随着帝国的扩张，树木的种类也在增加，而它们的起源地越遥远越好。但在那时，低调的假挪威槭已经过于普遍，无法作为令人眼前一亮的陌生树种风靡一时了。

无论是本土还是外来树种，假挪威槭的强大适应性都意味着它们总是很快就会占领其他树木不敢涉足的地方。假挪威槭生长迅速而稳定，使新修道路和住宅区的硬朗轮廓变得柔和，用绿意让孩子们的游乐场显得更加松软。你可以看到它们成排生长在坎布里亚郡一览无余的山坡上，旁边就是M6高速公路和西部海岸线。它们就像贝丽尔·库克画笔下参加派对的人一样手牵着手，全都穿着翠绿的盛装，不管天气如何都准备度过一段美妙时光。这些耐寒树木的抗逆性让它们能够在任何地方生长，尽管城中心充斥着废气，尽管重黏土不是最适宜的土壤。

它们忍耐北部沿海地区盐分饱和空气的能力超过其他任何阔叶树。在北约克郡的温泉小镇斯卡伯勒，迎接北海海风冲击的悬崖被高大耐寒的假挪威槭遮盖。而在爱丁堡，这些树高度惊人地耸立在韦弗利花园上空。在离陆地不远的各个苏格兰小岛上，假挪威槭排列在蜿蜒曲折的海岸线上，无论是潮湿森林中结实健壮、疙疙瘩瘩的老树，还是似乎正准备踏入狭长海湾冰冷海水中的姿态轻盈的年轻树木，都形成一道道条纹，优雅地将远方山丘的景色一层层分开。在海风一遍又一遍地吹拂下，树木的摇曳身姿倒映在涟漪阵阵的潮水中，而那些硕大的掌状叶片被冲刷到海岸上，又随着海波退回去，如此循环往复。

假挪威槭已经从欧洲扩散到了全世界的很多地方，包括智利、塔斯马尼亚、加拿大以及加那利群岛。南澳大利亚的森林里生长着许多巨大的假挪威槭，它们非常适应那里的烈日和透雨。在新西兰，它们似乎保持了一些旧名声，无秩序地生长在荒地和道路沿线上。在美国被称为"sycamore"的树木是美国梧桐，其茁壮程度和欧洲的同名树木不相上下，甚至还要更高一些。在亚利桑那州梧桐峡谷的偏远荒野，一条壮观的瀑布从层层叠叠的半圆形红色岩石上倾泻而下，经过随风摇摆的茂密美国梧桐树林。

不惧任何环境的美国梧桐似乎是全世界游历最广的树木之一。当"阿波罗 14 号"航天飞船在 1971 年发射时，其中一名宇航员斯图尔特·鲁萨带了一些种子登上飞船，想看看它们飞出地球大气层外会受到什么影响。在环绕月球飞行了 34 圈之后，种子随宇航员回到地球表面，并被 NASA 科学家持续观察。40 年后，这些美国梧桐仍在美国各地繁茂地生长，见证着人类的勇气和智慧，以及这种看似"普通"的树木所具有的惊人生命力。

在假挪威槭的平凡中，存在着一些鼓舞人心的东西。在爱尔兰，小镇芒特拉斯著名的许愿树是一棵古老的假挪威槭，它那拥有独特裂纹的树干对那些心怀隐秘希望和欲望的游客产生了难以抵挡的吸引力。许多年来，人们都到这里许愿，将硬币和钉子砸进树干，直到这棵树像一头披着银色鳞片的老龙一样闪闪发光。而这么多的愿望已经将这头老龙压得不堪重负，再也飞不起来了。最终，这些人的期许不幸地杀死了这棵树。希尼为自己的母亲撰写了许多动人的挽歌，在其中一首里，他将母亲想象成一棵死去的许愿树，但这棵老树并不表现出绝望，而是令人意想不到地飞向了天堂，在令人振奋和宽慰的美妙景象中甩掉了身上所有的钉子和硬币。这是一棵能够让人流出喜悦泪水的树，而不只是"一团挡道的绿色东西"。

1819年，当珀西·比希·雪莱和他的妻子玛丽生活在意大利时，他们目睹了佛罗伦萨周围森林中假挪威槭树叶的凋落。对于这对夫妻来说，那是一段特别痛苦的日子，他们的孩子威廉和克拉拉相继死去，从祖国又传来了臭名昭著的"彼得卢屠杀"的消息，英国政府对曼彻斯特一场和平的露天政治集会进行了残酷的镇压。当时的雪莱还没有多少读者，而且远离英国大众，他感觉自己的叶片正在迅速凋落，就像四周突然间"吓得脸色青灰"的"泥污森林"一样。尽管沉浸在这种极度沮丧中，他仍然希望假挪威槭枯萎的树叶能够"促成新的生命"。让他写出伟大颂歌的西风不仅将枯叶送往它们最终的归宿，还助推着它们"带翅的种子"。无论眼下的光景多么惨淡，无论四周的树叶怎样变成棕色，距离沉睡中的土地再次醒来也只剩几个月的光阴。于是，诗人以令人难忘的一句结尾："如果冬天来了，春天还会远吗？"和此前往后的无数文人墨客一样，雪莱在假挪威槭这种看似不太可能的平凡之物中找到了慰藉，它那令人烦恼的渗出物和混乱的黏液其实预示着某种更好的未来。

虽然自称无神论者的雪莱不会乐意自己的思想受到基督教的影响与暗示，但假挪威槭的确以其与《圣经》的联系而闻名。当不受欢迎的税吏撒该爬到树上，想要避开遮挡视线的人群以看到耶稣时，他爬的正是假挪威槭。事实上，《圣经》中的sycamore是埃及榕（*Ficus sycomorus*），这种树至今仍大量生长在中东国家。在多种语言的流变中，*Ficus sycomorus*变成了英语中的"sycamore"，于是英国真正的假挪威槭的文学形象也沾染了更古老的《圣经》中的含义。当华兹华斯描述自己如何在丁登寺旁瓦伊河河岸的一棵假挪威槭树下休息时，或者当艾萨克·沃尔顿寻找河畔假挪威槭树荫作为构思《垂钓大全》一书的地点时，他们的选择或许都包含着某种神性的意味。

无论华兹华斯或者沃尔顿有没有想起撒该，他们都将假挪威槭形容为"黑暗的"。这一描述可能反映了另一个词源学传统，这项传统将埃及榕视为一种无花果（两者亲缘关系很近，事实上，无花果也是一种榕属植物。——译注），从而将埃及榕的树叶和人的堕落建立起联系（失乐园中引诱夏娃的禁果很可能就是无花果。——译注）。不过更有可能的情况是，这两位作者说的其实是清凉的树荫。因为假挪威槭最持久、最可靠的特点，就是它遮蔽阳光的枝叶。草绿色的叶片大团大团地簇生在一起，就像巨大的西蓝花花球一样生长于高大舒展的树干，在阳光照射的草坪上投下斑驳的阴影。无论伊夫林对假挪威槭那些不招人喜欢的生长习性怎么想，他的抵制意见都恰好反映出这种树能为散步的人们提供阴凉。这或许有助于解释假挪威槭为何频繁出现在愿望或者个人幻想的世界里。在普通的英国夏日，人们难道不总是需要浓荫吗？因此只要提到一棵"黑暗的假挪威槭"，就会让人想起某个炎热又美妙的 7 月里的一天，那种在每个人的夏日幻梦中闪闪发光，但又总是难以在烧烤聚会或校园游园会中实现的日子。

有时候，夏日阳光足够强烈，而一棵枝繁叶茂的假挪威槭的树荫总是能为那些经常承受风吹日晒的人提供更实际的帮助。需要完成修剪羊毛、采摘水果、收割牧草或作物等繁重工作的农场工人，如果不能躲进安装空调的拖拉机驾驶室里，一定会将黑暗的假挪威槭当成一把大型的天然遮阳伞。对于那些在夏天参与建筑工程、运动、举办活动以及在市集上季节性摆小摊的人来说，一棵随处可见的假挪威槭是遮挡烈日的天堂，所以这种树的平凡大受欢迎。

在多塞特郡的小村庄托尔帕德尔，村庄绿地上那棵古老的假挪威槭仍然像丰碑一样矗立着，纪念1834年聚集在它浓荫下的农业工人。他们需要降一降气温，涨一涨自己的薪水，此前遭遇的降薪意味着他们无法养活自己的家人。一些人决定联合起来索要合理的报酬，却因非法宣誓而遭到起诉和审判，背负罪名并被流放到澳大利亚。托尔帕德尔蒙难者一案引起了群情激愤，最终迫使官方赦免了这些人，并允许他们返回家乡。这一事件后来被视为工会运动的肇始，而那棵粗壮古老的假挪威槭逐渐变成了政治朝圣之地。对那些生活非常不易的人而言，托尔帕德尔的假挪威槭是另一种希望的象征。但与这种总是引发争议的树一样，一些地区比其他地区更认可这种意义关联。

尽管干农活儿非常辛苦，但村庄绿地上矗立一棵繁茂大树的画面也是古老的、田园诗般永恒夏日理想的一部分，那里没有工作、

●托尔帕德尔蒙难者聚集在村庄绿地的假挪威槭下

154

辛劳和贫穷。这让我们能够以崭新的视角看待每年由铁轨上的落叶激起的愤怒。在人们因上班迟到而生出的烦恼之下，隐藏着无穷无尽的关于夏日假期的幻梦，包括摆脱所有的闹钟和打卡。"铁轨上的落叶"就是成年人的"开学"，是回归正轨、需求和统一的不祥之兆。它提醒人们白昼越来越短，气温越来越低，凉鞋和很多东西都在消失。如此说来，也难怪一列晚点的火车会变成压死骆驼的最后一根稻草。

桦树

  我祖父母的花园似乎是一个充满了鲜花和无尽阳光的天堂。更奇妙的是，它被隐藏在一面高墙后面，所以那些沿外面的街道经过它的人，根本不知道自己和另一个世界离得有多近。秋天，成年桦树顶部的纤长树枝高高地矗立在围墙之上，并将一些"线索"散落在湿漉漉的人行道上，但树叶很快从金色变成棕色，然后消失不见。我们被气味芬芳的灌木和暖色调的草本花园安全地包裹着，忘掉工作日的紧张节奏，在这里捉迷藏、用空奶油盒搭城堡，或者轮流玩摇摆木马，直到我们吸足了新鲜空气，也玩累了为止。当我能够爬上墙根的那一大堆木头，再继续爬上那棵桦树时，我还是个小孩。正当我刚刚爬到能够看到外面街道的高度时，脚在光滑、潮湿的树枝上滑了一下，慌乱之中我试图抓住什么以阻止身体坠落，却在一瞬间看见了沿着围墙延伸的铁丝网上那黑色的尖刺，它立刻划伤了我的手臂。在那天剩下的时间里，我在疼痛、发抖和羞愧中，把炫耀盒子里那块最大的石膏当成含糊的安慰。伤口愈合后，我的手腕上留下了一条长长的红线，又渐渐褪色变成光滑的、白色的线形疤痕。这个伤疤至今还在，并在夏天由于周围的皮肤被晒黑而越发显眼。这次小小的事故留下了桦树永恒的形象：一种白色的、略带弧度的树，令人想起被忽视的警告和意外的训诫。

  尽管是一种柔美宜人的树木，但桦树的确有着令人惧怕的名声。在英语里，桦树的名字被用来命名一种体罚，因为它柔韧的小枝能够施加最严厉的斥责。虽然与被它取代的"九尾鞭"相比，人们认为"用桦条鞭打"是一种更温和的惩罚方式，但是那些在 19 世纪英国海军舰艇上服役的船员仍然生活在对桦条的恐惧之中。这种残忍的鞭打继续作为英格兰法庭上判决的合法惩罚手段，直到1948年才被废除。出现严重不端行为的学童也要承受这样痛苦且耻辱的经历——被桦条鞭打屁股，而这被认为有利于塑造性格。但是我不禁想问，这能塑造出什么样的性格？至今残存的民间迷信将桦树枝条视为驱赶邪灵的工具，这种观念也许驱动了学校教师强壮的手臂，或者至少为他们的施虐倾向找到了一点自我合理化的借口。通过殴打让孩子长记性的观念和如今的教育理念背道而驰，以至于我们很难相信这种展示权威的野蛮方式曾被视为合法。然而，各种传记、回忆录和自传体小说中都充满了对当时经常执行的学校鞭打和不公惩罚的痛苦回忆。在威廉·申斯通（William Shenstone）那首一度惊人流行的诗歌《女校长》中，小学生们在一棵健壮桦树的阴影下学习他们的课程，这棵树生长在操场上，制造出无数可怕的惩罚器械。不难想象，每当到了冬天，桦树那纤细的幽暗枝条将怎样在

●用桦条鞭打

最冷的寒风中左右摇摆，出现在担惊受怕的孩子的睡梦中。

桦条代表的权力也是古罗马丰富遗产的一部分。古代，权贵的扈从通过执掌一柄绑着一大束桦条的斧宣扬司法权威。这种束棒从此一直为政党所用。对于法国大革命的革命分子而言，罗马共和国这个标志不仅代表团结和摆脱世袭制的自由，它作为一束普普通通的枝条还象征着某种完全可以被普通人掌握的东西。桦条开始意味着人民权力，直到这种权力被他们更有野心的代表攫取。后来，贝尼托·墨索里尼从束棒中获取了个人力量并建立起一个政党，他的黑色旗帜中也有一个非常风格化的束棒形象。无论是这些被紧紧捆绑在一起的枝条，还是不祥的、突出的斧头，都与柔韧无关，尤其是它们作为一个有力的支柱被水平放置，以供对称的、正在展翅的法西斯鹰站在上面的时候。在美国，由斧头和桦条组成的经典标志依然代表着司法权威。它在国民警卫队的徽章中很显眼，还出现在联邦最高法院大楼的浮雕上。在美国总统椭圆办公室的门口上方，也有束棒提醒所有进来的人执法公正。

桦条在公共领域和私人生活中扮演了令人惧怕的角色，尽管出现在井井有条的家庭中的成束枝条通常并不是斧头的鞘。然而，就算做成扫帚这样的家居用品，它们仍然保持了一些令人生畏的特性。桦条长扫帚将蜘蛛网和猫毛扫走，甚至还可能拂去曾经长在它们身上的枯叶。无论是作为女巫的午夜坐骑，还是作为将驴子从草坪上赶走的武器，桦条扫帚往往是一件充满力量的工具。当然，这可以是一种正面力量，驱逐不需要的碎屑并清除杂物，以便重新开始。作为深受政治漫画家喜爱的主题，"新扫帚"（喻指新官上任三把火）席卷落满灰尘的旧角落，让传统主义者四散奔逃。

桦树优雅的树干如此细长而美丽，但它们也像是负责监视的特工。仔细看看那些深色的斑纹，你会发现它们如何紧紧盯着你，像是疲倦的眼睛，隐秘而空洞。这种白眼巨人般的树一直在观察，所以你得提高警惕。此外，桦树皮就像皮肤碎屑一样剥落，那带有麻点的浅奶油色表面在另一侧是非常光滑的，呈肉色，带有小小的狭缝状斑点。剥开桦树皮就像是慢慢地翻开一本古老、潮湿的书，却根本看不懂书中的文字。

在混合林地中，桦树与其他更高大的阔叶树相比，并不容易在第一眼就引起人们的注意，这是这些树令人不安的另一个特征。桦树是树林中的丑小鸭，因为这些不起眼的瘦长棕色树苗会逐渐变成天鹅颈一样优雅的树木，它们的树枝会呈现漂亮的弧度，长出闪闪发亮的叶子。需要承认的是，随着年龄的增长，它们开始失去一些光彩，一丛年老的"银皮桦"就像一匹闷闷不乐的高个子斑马，孤苦伶仃地陷在膝盖深的泥里。然而，并非所有的桦树都会变成银色。英国的另一种桦树是颜色更深、茸毛更多的柔毛桦，从它的植物学学名 *Betula pubescens* 判断，它艰难的青春期似乎注定延续一生（种加词"*pubescens*"意为"青春期的"）。或许这就是柔毛桦永远向上伸展的原因，它似乎在努力地让自己显得比实际更高，而不像它那更加优雅、枝条缓缓下垂的近亲。

垂枝桦在英国并不总是被称为"银皮桦"，它一度更为人所熟知的名字是"白皮桦""女士桦"或与中文通用名相同的"垂枝桦"。"银皮"这个称呼似乎是 19 世纪才出现的，流传自许多诗歌和流行歌谣。20 世纪，加拿大诗人保利娜·约翰逊真正确定了这种桦树的颜色，她对自己莫霍克人祖先的原始森林饱含深情的回忆，是小学和童子军军营的教材。从那以后，加拿大就一直是"银皮桦的土地，河狸的家园"。

桦树是秋天最晚落叶的树种之一，当奶油色的莱荑花序刚刚长出来时，还有一些去年的叶片留在树上，仿佛在眷恋上一个夏天的时光。1805 年 11 月，特拉法尔加海战胜利，多萝西·华兹华斯和她的哥哥威廉一起探寻阿尔斯沃特湖附近的森林，因为看到"柠檬色"的桦树而兴高采烈。她的描述也许会让我们好奇她平时吃的柠檬有多老，因为它们熟透了才能和秋季桦树的深黄色相提并论。我们将这些桦树称为"银色的"，但它们往往更像是抛光的骨头，泛着青灰色的光，被秋日的点金手轻拂而过，沐浴着金光灿烂的树叶。在10月的晴天，银皮桦会像凝固的黄金瀑布一样点亮整面山坡。

桦树曾为画家和设计师提供灵感，这不足为奇。它们那苍白、匀称的形状几乎为自然界的每一种色调提供了完美的对比，所以19世纪的画家喜欢让它出现在自己色彩微妙的画布上。约翰·罗斯金用画笔捕捉了一棵生长在山间溪流旁光滑岩石上的银皮桦，而他从前的朋友约翰·密莱司在月光下完成的画作《游侠骑士》中，用它闪闪发光的树皮平衡了绑在树干上的裸体女人白花花的皮肤以及用剑解救她的骑士那锃亮的盔甲。这是密莱司公开展示的唯一裸体，还在维多利亚时代的艺术界引起了轩然大波，因为他对这些对比鲜明的色彩纹理施以近乎摄影般的处理方式，让整幅画面逼真得令人难以接受。

在瑞典的松德博恩村，卡尔·拉松（Carl Larsson）的家乡两侧仍然矗立着银皮桦，游客可以立即从他的画作中辨认出这些树。这些本土树木荡漾起的自然波浪为他创作家庭生活主题的精美水彩画提供了完美的环境，它们在夏日微风中飘起缕缕金发，飞扬的发丝触碰着最底部的小枝。和拉松同时代的古斯塔夫·克里姆特（Gustav Klimt）也描绘了奥地利秋日桦树的白色和金色华盖，他强调了树干，为《桦树林》赋予了几乎是抽象风格的平行线条和炫目光彩。在整个20世纪30年代，桦树的身影出现在盘子、花盆、耳环、书籍卷首或卷尾空白页、窗帘、垫子和披肩上，优雅的曲线和形状分明的单色轮廓让它成了装饰艺术的符号。甚至出现了摆放在窗台上的小桦树装饰物，用抛光金属和铜丝做成，上面还有几十片小小的珍珠母瓣片反射出太阳的光芒。

●《游侠骑士》，约翰·密莱司 绘

然而，桦树的美最好在它们的自然环境下欣赏。它们泰然自若地生长在北面的山坡上，聚集在一片潮湿沼泽的边缘。有些树独自矗立，像孤独的苍鹭一样漂亮，还有些树害羞地聚集在树林里，彼此隔得足够远，让光线能够照射进来。在喜马拉雅山区，一切都被放大和延长了，它们看上去就像是巨大山坡中的裂缝，暂时打开一会儿让气息喷出。当你靠得更近时，白桦的树干向空中延伸，仿佛是从天上垂下来的长长绳索，但它的树枝似乎在低声发出警告：如果你向上爬入云雾，可能永远无法回来讲述自己的见闻。

　　在北方的民间传统中，桦树是真实世界和未知世界之间的分界线。优雅、摇曳的桦树那柔软的树干几乎弯成了一个个问号，似乎是在发出约会的邀请："骨瘦如柴的小姑娘，你要不要去阿伯菲尔迪的桦树林？"但是和它们有关的故事常常有令人意想不到的转折。古老的歌谣《厄舍尔井的妇人》讲述了一位将三个儿子送去出海，结果后半生都在盼望他们平安归来的母亲。当他们终于在那个严冬回到家时，"他们的帽子是桦树的"。帽子无论是用桦树叶镶了边，还是用橡树皮做的，都无关紧要，因为这首歌谣接着告诉我们，这些桦树并非生长在尘世，而是生长在"天堂的大门"前。这些小伙子是从死后的世界回来看望他们失去亲人的母亲的，尽管桦树可能象征着他们去了一个更好的世界，但在这首歌谣的某些版本中，他们的命运更加神秘。

　　桦树无疑会在月光之夜投射出幽灵般的身影，萦绕在树林中，沿着山坡蜿蜒而下。斯凯岛沿岸的小岛拉赛岛上有一个废弃的定居点，在索利·麦克莱恩（Sorley Maclean）看来，这个定居点周围空荡荡的桦树林是曾经生活在这里的女孩们的幽灵，它们沉默，挺直背脊，低下头颅。在他令人难忘的诗歌《哈莱格》中，想象着她们沿着古老的小路从生者之地走进陡峭的山坡，"她们的欢声笑语如雾"入耳，"她们的娇美倩影如印"在心。就像许多桦树林一样，拉赛岛的桦树向雾气之外某个迷失的世界招手，呼唤远方的空地。

有时，人们想暂时逃离世界，就像罗伯特·弗罗斯特（Robert Frost）在他的著名诗歌《桦树》中所写的那样，"然后回到世界，重新开始"。在他的想象中，去往别处的路径是通过一棵桦树的树干，"沿着一根雪白树干上的黑色树枝向上爬 / 朝着天堂"。不过令人安心的是，这只是进入超脱境界的短暂上升，因为桦树的顶部树枝非常细，最终会弯下来，将他安全地送回地面。桦树的训诫不需要特别严厉或令人害怕，它可以温柔地提醒我们，关于我们所知的这个世界，到底什么才是对的。

神秘的桦树是北方的美人，非常适宜冰天雪地的环境，就像北极狐、北极兔或北极熊一样。桦树是冰河时代最后一次冰期结束后最先北上的物种之一，所以它们是英国最古老的本土树种之一。桦树种子大量传播，像浅灰色的烟尘一样飞散，降落到哪里，就在哪里萌发生长。扩散能力极强的花粉对于这种树的生存极其重要，每年都有几百万人感受到它的力量，因为它会引发第一波花粉热。然而，桦树还有很多治疗功效。作为桦木酸的来源，它的抗逆转录病毒性和抗炎性研究才刚刚起步。桦树在医疗界的名声从未完全建立在它令人受苦的特性上。约翰·伊夫林曾将当时的一种桦树混合饮品誉为"伟大的通畅之物"，并推荐使用它治疗肺部疾病和痔疮。从桦树中提取的油也被认为有利于治疗疣和湿疹。由桦树叶在沸水中熬煮浸泡而成的桦树茶喝起来有点苦，但治疗痛风、风湿病和肾结石有奇效。

桦树的副产品如今大有复兴之势，因为桦树水的疗效得到了更广泛的认可。在一些东欧国家和俄罗斯，人们经常从桦树中提取这种液体，认为它能够降低胆固醇、减少皮下脂肪团并增强免疫力。桦树液是通过在成年桦树枝条下划出精确切口提取的，可以添加蜂蜜、丁香和柠檬皮煮沸，然后静置发酵，直到它变成一种非常可口的酒精饮料。熬煮这种树液可制成桦树糖，这是一种天然甜味剂，和其他糖类相比，它的热量更低，对牙齿也更好。在美国内战的一段难忘往事中，桦树皮展示了它维持生命的特性，为理查德·加尼特将军被击败的部队提供了足够让他们活下来的桦树糖。20年后，他们的撤退路线仍然能够根据被剥去树皮的桦树辨别出来。一支饥饿的军队凭借桦树活下来，这并不是第一次，1814年，汉堡周围的树林就被围攻这座港口并迫切想要获取树液的俄罗斯士兵毁灭了。

桦树生长在贫瘠的土壤中，忍耐着极端天气，在海滨和高地溪流旁都生长得很好。在桦树生长得像杂草一样的国家，几乎每个地区都被桦树改造得非常漂亮。对于北美原住民来说，桦树的用途就像塑料一样广泛。他们用它做成袋子、盒子和篮子，用柏木纤维绳将它们缝起来，还在白色的桦树皮表面缝出装饰花纹。最重要的是，他们使用桦木制造独木舟，甚至用"桦树"这个名字作为这种独木舟的代称。技艺高超的桦木独木舟建造者会乘着小舟在冰冷清澈的湖水中穿行，悄无声息，十分隐秘，极其高效地追逐鱼类和毛皮动物。

尽管作为材用树种的价值很低，但桦树一直都在提供大量木柴，即便是潮湿的桦木也能被点燃。在英国和爱尔兰最早的人类定居点，桦木就被用来制作各种小物件，包括箍、篮子、碗和汤勺，桦树皮被剥下来制成细绳或搓成绳索。在整个北欧，人们提取桦树的树液，而它们的树皮被用来制革。在俄罗斯，桦树皮会经蒸馏制成桦焦油，用于浸渍皮革，防止虫蛀，与凡士林混合在一起，还能制成木材防腐剂。在波兰，成束的桦树细枝被用来为村舍铺屋顶。而在瑞典，木屋常常用桦树皮来保暖和防水。桦树并不只出现在我们共同的农业历史中，2008年世界建筑节的获奖作品之一是位于瑞典拉蒙德贝里耶引人注目的图森餐厅，它的圆锥形框架由令人眼花缭乱的桦木枝搭建而成，仿佛是雪中的一座火箭发射装置。该设计不但保护用餐者免遭极地寒风的侵袭，还证明了木建筑在当代建筑师未来主义风格的创造中并不一定会有落伍之感。

可再生材料已经成为优选材料，一度看似过时的方法如今变成了新潮的技术。绿色屋顶之前还被视为民俗博物馆中一道漂亮的景致，如今却在整个北欧大受欢迎。屋顶框架建造完成之后，将成块桦树皮像瓦片一样铺在原木上，构成青草生长的基础。这样的屋顶可以维持 50 年不用大规模修整。在现代化的生态住宅中，浴室的墙壁贴着银皮桦嵌板，还有桦木小架子用作肥皂托盘，装着瑞典产的银皮桦树叶肥皂。这样的住宅甚至可以全部铺设光滑的桦木胶合板，放上舒缓背部的柔韧桦木椅子，木材来自可持续发展的桦木林。

加拿大是"纸桦"的故乡，这种桦树的树皮比它在其他大陆的近亲更白、更易剥落。虽然加拿大的桦树最以脱落纸状树皮闻名，但古代中国人认为其他品种的桦树皮也有类似的用途。毕竟，从这种又薄又白的树皮中发掘潜力并不难。当约翰·克莱尔某一天看到一些树皮剥落的桦木篱笆时，他立刻想到它们可以作为纸张的替代物。他很快发现"这棵树的一圈树皮能分成 10 或 12 张薄片"，并在做了一些试验之后找到了一种保证墨水牢固吸附的方法。对于一个非常拮据的人来说，纸张贵得超出承受能力，所以发现免费的书写材料就像是上天赐福一样。慷慨的桦树似乎是在消除阶级和贫困的障碍，让克莱尔能够重申他生活的真正目的。

桦树在不诉诸任何力量的情况下发出它最有益处的劝诫。似乎这种树带来的最令人痛苦的东西，也不过是回到现实重新开始的温柔邀请。在奥斯陆北部的努尔马卡森林，银皮桦标志着一条道路，它穿越森林直通 21 世纪最大的秘密之一。因为在这片冰天雪地的深处，坐落着未来图书馆，那里矗立着艺术家凯蒂·佩特森种下的一千棵云杉树。来自全世界的一流作家受邀撰写新故事，但这些故事都会被密封 100 年再出版，印在现在还是树苗的云杉做成的纸上。神秘的桦树打开通向这座未建成图书馆的大门，挑战我们对瞬时满足、一夜爆红和畅销书的渴望。没有人能看到玛格丽特·阿特伍德的新作品，但未来图书馆表达了我们对新一代人的信心。

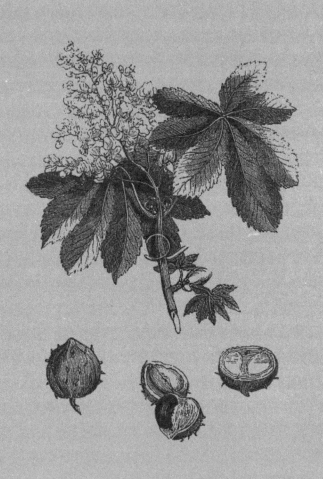

欧洲七叶树

英国最大的欧洲七叶树位于海威科姆附近的休恩登。2014年12月，它庞大的树围达到了7.33米，几根分枝也已经粗壮得像是成年大树的树干一样了。它是万树之树，一根巨大的、长着皱纹的圆柱，顶端萌发出一丛杂树林。作为一棵300岁的老树，它生长得非常好，因为欧洲七叶树很少能超过150岁。这意味着当本杰明·迪斯雷利在1848年买下位于休恩登的庄园时，这棵如今神气十足地矗立在大门口的欧洲七叶树已经是个枝繁叶茂的卫兵了，它所处的位置恰到好处，来到这位未来首相的乡下庄园的重要客人都对它留下了深刻的印象。欧洲七叶树在奇特恩斯的白垩土中生长良好，在那里，它们壮观的身影映衬在山丘的曲线中。迪斯雷利对自己的家庭出身很敏感，因此他对这种两个半世纪前才从巴尔干半岛引进的树有一种特别的喜爱之情。它在英格兰发展得如此成功，此时已经比许多本地树种更本地化了。

毕竟，关于欧洲七叶树，有一种奇妙的无须辩解的东西。在整个冬天，当落叶树应该安静地休眠的时候，它那闪闪发光的芽似乎带着被压抑的能量膨胀起来，不耐烦地胀大，直到一刻也无法等待，在第一抹春光的触碰下从黏稠的外壳中喷薄而出。它们手指般的嫩叶终于能够自由伸展，在第一股新鲜微风的吹拂下挥舞。在大多数树木萌芽之前，巨大的掌状复叶就已经在迎接阳光了，边缘带有锯齿的小叶做好了沐浴光辉和雨露的准备。

欧洲七叶树不只是展示着最大最绿的叶片，它还有另一招。当其他树木随着季节刚刚开始变绿的时候，欧洲七叶树已经开始向上

●《格兰切斯特的欧洲七叶树》，格温·雷弗拉特 绘

抽生花序了。到了 5 月，它已是繁花满树，花朵呈现出香槟一样的奶油色，又像香槟的气泡一样细碎。这还不算完，因为随着穗状花序的凋落，那些巨大的绿色手掌开始长出带刺的环，它们会像春天的芽一样喷薄而出。9 月底的强风会将果实纷纷吹落，而它们浅黄绿色的外壳会在落地时开裂，一颗圆圆的种子服帖地蜷缩在里面，落地后仿佛在眨着眼，有些种子则会从外壳里蹦出来，泛着油润的光泽。欧洲七叶树充满了谜语和私人笑话，对自己大出风头的能力充满信心，以至于任何关于居住权的问题似乎都错失了要点。

　　无论是正式的植物学名 *Aesculus hippocastanum*［种加词 *hippocastanum* 来自"马"（*hippo*）和"栗子"（*castanum*）的组合］，还是更为人所熟知的英文名"horse chestnut"（马栗），这种常见树木的名字本身就是个难解之谜。它的种子和板栗很像，但是它和马有什么关系？叶柄脱落之后留下的痕迹的确像一只马蹄铁，也许这就是它名字的由来。有人说它的名字来自威尔士语单词"gwres"，意思是"热"或者"猛烈"，威尔士人选择这个词是因为它味道不佳的种子。另一种可能的解释是，又圆又亮的种子从白色的壳里向外窥视，让人想起马受惊时的眼睛。毕竟这种树的美国表亲红花七叶树、光叶七叶树以及加州七叶树的当地俗名都是"雄鹿眼"，因为原住民认为它们圆圆的棕色果实像鹿的眼睛。俄亥俄州就是因为七叶树而被称为"七叶树州"，这是一连串很有趣的联系，这个州的诨名来自一种树，而这种树的诨名来自曾经生活在这个州的鹿。

或者，"马栗"这个名字和马的眼睛一点关系也没有，而是与新鲜的七叶树种子那令人惊讶的颜色有关。当果实的外壳开裂，露出颜色浓郁的红棕色种子，它就像一匹栗色马充满光泽的腰腿部。这种树抵达英格兰与马开始被形容为栗色差不多是同一时间发生的，也许这并不是巧合。但首先出现的是哪个词，栗色马还是"马栗"？对于"马栗"的词源，通常作为宝贵权威参考的《牛津英语词典》却意外地给出了一个不那么令人信服的答案，将其归结于一种古老的观念，即"东方人"用它的种子治疗患有咳嗽和呼吸疾病的马匹。由于没有证据表明它的种子真的对马有医药价值，所以这个名字显得很讽刺。与慷慨大方的欧洲栗、西班牙栗、甜栗那有益健康的果实不同，欧洲七叶树的种子只适合马吃，实际上对马的身体也不是很好。

味道甜美的欧洲栗种子不仅可以在明火上烤熟食用，还可以制作栗粉粥、布丁、糖炒栗子以及奶油栗子糕、汤羹、填料和淀粉，而且它的木材结实得足以制作矿坑柱、木桩、家具和屋顶用木料。相对而言，欧洲七叶树没有什么实用性。因此，有人认为这种令人赞叹的树其实就像个没用的败家子。它的木材太软，不能用在建筑上，甚至无法很好地燃烧。它的果实不是很有营养，甚至会让你感觉很不舒服。就连并不挑剔的猪，也对装满欧洲七叶树种子的食槽嗤之以鼻。"一战"期间，当食物供应短缺时，人们试着对欧洲七叶树的种子进行了碾压、浸泡和熬煮等工序的处理，制造出了一种用于补充绵羊和奶牛膳食的动物饲料，猪仍然不为所动。但这种"马栗"饲料增加了战时匮乏的供应，直到战争结束。

欧洲七叶树的确有一些传统用途。拥有麻醉功效的树皮曾被用来治疗发热，种子则被用来治疗风湿病和痔疮。那些患有最轻微蜘蛛恐惧症的人一直将这种树视为朋友，因为它的种子可以驱赶蜘蛛。欧洲七叶树对蜘蛛网很不友好，很多人希望通过精心布置它的果实以避免蜘蛛在天气变冷时进入屋子。我对这个说法很是怀疑，因为我曾经试过将许多圆鼓鼓的"马栗"铺在地下室里，结果大失所望，这道防线一夜之间就被彻底突破了。我应该不是唯一一个对这项民间智慧有所怀疑的人。2009 年秋季，英国皇家化学学会决定检测这种方法，向所有人征集关于欧洲七叶树果实驱虫功效的确凿证据，科学解释当然更好。在做了一些巧妙的实验后，比如果实障碍训练场和花园蜘蛛，这个理论被彻底推翻了。没有任何一只蜘蛛因为看到、闻到或者接触到欧洲七叶树的果实而表现出一丁点儿退缩的迹象。

但是，一种树的价值为什么一定要取决于它的实用性呢？为什么一定要以此衡量它为人类做出的贡献呢？这种树有最肥大的芽、最蓬乱的花、最宽阔的叶、最多刺的果壳和最闪亮的种子，它还需要什么呢？七叶树看上去壮观无比，每个季节都十分张扬。难怪在那个鲜艳披肩、丝绸背心、蕾丝袖口和飞边流行的时代，这种树席卷了整个西欧。七叶树属中的红马栗子拥有深红色的花，与女士们脸颊上的绯红或者先生们裤子上的鲜红缎带相映成趣。它们是供法国贵族欣赏的树，在凡尔赛宫的新花园里，他们喜欢在那泡沫似的花簇和多变的树荫下消遣时光。后来发生的事情表明，这种七叶树的生命比贵族们更长。巴黎仍然种满了七叶树，它们沿着塞纳河两岸自由地延展，或者笔直端庄地矗立在香榭丽舍大道两侧。而埃菲尔铁塔下有一棵庞大的孤植树，早在巴黎这个最著名的地标出现之前，这棵树就已经扎根在这里很长时间了。对于这位抢镜"老手"来说，万众瞩目的埃菲尔铁塔只是一个精心设计的拱门。

尽管英格兰不像欧洲大陆那样重视树木的遮阳功能，派头十足的七叶树在公园和花园里也大受欢迎。克里斯托弗·雷恩爵士为威廉三世重新设计了布希公园，打造出一条巨大的七叶树典礼大道，从特丁顿一直延伸到汉普顿宫。维多利亚女王每年5月都要沿着这条路仪式性地出宫，观看枝形吊灯状的新鲜花序，此时它们已经长成大树，披着绿白相间的制服守卫着女王。她忠诚的臣民跟在后面，用轻快的脚步和华丽的午餐庆祝这繁花盛景。虽然这项传统在女王死后逐渐式微，但现在又迎来了复兴，人们在"七叶树星期天"纷纷出动，欣赏花朵壮观的表演。

这些爱炫耀的树木在18世纪大规模种植，"能人"布朗为威尔特郡托特纳姆的一个庄园预订了4800棵七叶树，这件事也能反映出这些来自地中海东部的树备受重视。在牛津大学，巨大的七叶树探身俯视着伍斯特学院的那座湖，将卷曲的花瓣落在光滑的水面上，或是在学院舞会和毕业照片的背景中作为一个慵懒的剪影。另一棵七叶树矗立在"羔羊和旗帜"小酒馆旁边的路上，自行车必须在此处急转弯以免撞上它庞大的身躯。

对于许多在现代城市中长大的孩子来说，七叶树带来了一些自然界的感觉。在W. B. 叶芝看来，贝德福德公园家庭花园里的那棵巨大七叶树，是他在伦敦度过的童年时光中最深刻的记忆之一。这棵树在多年后作为完整性和内在联系的象征焕发出新的生命，以"根底雄壮的花魁花宝"出现在《在学童中间》这首诗中。在返回爱尔兰的途中，从都柏林到戈尔韦一路繁茂生长的威严七叶树更加强化了他成长期的记忆。许多孩子就是因为这些生长在公园和花园里的巨大绿树才对季节的轮回有所感知，它们的花序就像洁白的生日蛋糕蜡烛一样引人注目。

在乡村地区，成年七叶树为不同世代的人提供了同一个集合点，例如德比郡的"莫顿七叶树"，它是伊丽莎白女王即位五十周年庆典选出的 50 棵"大英之树"之一。牛津郡的克罗普雷迪村里，在一年一度的音乐节开幕数周之前，人们熟悉的深红色花朵就会绽放在村庄的正中央。这些树是传统生活的中心，就像老歌里唱的"在伸展的七叶树下"庆祝。这首歌甚至启发了歌手在欢迎人们时做出模仿树枝的动作。

正如 19 世纪的画家詹姆斯·蒂索在他的画作《假日》，更有名的俗称是《野餐》中观察到的那样，七叶树负责的是享乐和休闲。这幅画如今挂在泰特英国美术馆，画面中的取景地是圣约翰森林湖

●《野餐》，詹姆斯·蒂索 绘

边，画家本人就住在这个地区，而现在位于这里的洛德板球场更为人所熟知。画里有两个穿着精美服饰的年轻女子，其中一个正在为年轻男子倒茶。男子头戴一顶鲜艳的红黄条纹板球帽，穿着白色衣服，躺在 9 月底宽大舒展的金绿色树叶下。而在这幅画中，那棵七叶树是最夺目的存在。

虽然 9 月为漫长的暑假敲响了丧钟，但一代又一代孩子返校的沮丧情绪，很快就会被七叶树的种子冲淡。学校操场里长着一棵七叶树对小学生来说很是幸运，在这个季节，他们的正经事就是用棍子和鞋子投掷位置较低的枝条，希望能砸下来一些狼牙棒似的果实。

想要玩"斗七叶树种子"的游戏，只需将一颗七叶树的种子穿进一根打结的鞋带末端，找到一个拥有同样装备并且喜欢搞破坏的对手。一颗非常坚硬的七叶树种子可以击败许多对手，将一个又一个弱小的挑战者砸得粉碎。求胜心切的人会使用一些不太光彩的手段，例如用醋浸泡他们的冠军"马栗"，或者用烤炉焙烤，使它变得最硬。然而，这些和我一个叔叔的做法比起来显得非常清白。有人告诉我，他下定决心成为征服所有人的英雄，为了获得胜利和赞美，他对实木进行雕刻和抛光，制造出了一个假的七叶树种子。即便是最坚硬的"马栗"，在这个"战神"面前也毫无胜算。不过，我叔叔的成就感也许比七叶树的果实还要空洞。对于不那么好胜的孩子来说，七叶树的种子仍然具有很多玩耍的可能性。它们可以作为椭圆形的弹珠，或者在一排顶针的配合下模拟微型的打椰子游戏。一些位置得当的别针和一卷棉线可以将七叶树的种子变成玩偶之家的家具，它们一开始像是抛光的红木，但是会逐渐褪色，变得更加晦暗和皱缩。

斗七叶树种子的游戏看上去也许像是一种非常古老的消遣，源自遥远到不可追溯的时代，但它其实是维多利亚时代人们发明的，如今成了一种由盛转衰的传统。这种季节性活动近些年来明显减少，以至于英国健康和安全执行局认为有必要专门澄清，他们从未禁止过这种游戏出现在学校的操场。但斗七叶树种子这一游戏的没落似乎和安全意识强烈的教师没多大关系，更吸引人的手机才是影响因素。

即使英国孩子不再感兴趣，这种游戏延续至今的吸引力却在斗七叶树种子世界锦标赛中体现得非常明显。这场比赛每年都在北安普敦郡的阿什顿村举办，有些慕名而来的参赛者来自遥远得令人吃惊的地方。作为一项国际性运动，斗七叶树种子需要交战规则，所以世锦赛对绳子的长度、打绳结的方式，以及击打的次数都有严格规定。那些最终获得胜利的人，会戴上用亮闪闪的"马栗"穿成的链子，还有鲜艳多彩、挂满七叶树种子的冠冕。作为伦敦"珍珠王和珍珠后"（伦敦东区街头小贩互助和慈善团体的头面人物，产生于19世纪，是工人阶级文化的重要传统。——译注）的"乡村版"，"七叶树种子帝王"很容易被误认为一种古代传统，其实它始于1965年。

培养竞技精神的并不只是果实。有些国家以自己的七叶树为荣，让它们去参加国际比赛。参加欧洲2015年年度树木评选的比利时候选者，就是一棵美丽的老七叶树，它被称为"钉子树"，紧紧依附在富伦的一处河岸上，这个城市位于林堡省与荷兰接壤处。这是一棵华丽的七叶树，树皮因为年老而剥落，长期以来一直被认为有疗愈功能。从前，生病的人会将一颗钉子先放在自己病痛的位置，然后用锤子将它钉进树里，希望这棵树会带走他们的痛苦。树干上绑着一个耶稣受难像，将这棵七叶树与耶稣的受难以及木十字架建立起了联系。

"二战"后，一棵在阿姆斯特丹生长多年的七叶树抢去了"钉子树"的风头。这棵树是安妮·弗兰克从小窗户里能看到的，当时她和家人藏在密室里躲避纳粹占领军。难以想象那段被迫囚禁并充满焦虑的岁月有多难熬，她用日记记录了这棵七叶树跟随季节变化上演的奇观。1944年4月18日，安妮在日记中写道，这棵七叶树"已经非常绿了，你甚至能看见到处都是小花"。5月13日，她父亲生日的第二天，她提到阳光闪闪发亮，"好像它在1944年从未这样闪亮过"，而那棵七叶树"完全盛开着花，覆盖着浓密的叶片，比去年美丽得多"。不到三个月，弗兰克一家被出卖并被捕，纳粹依次将他们送往集中营。安妮和她的姐姐玛戈特死在贝尔根·贝尔森集中营，此时距离战争结束只剩下几周。那棵树曾经让她如此快乐，仅仅是矗立在那里，无论如何都继续生长，并在每年春天长出鲜艳的叶片和炫目的圆锥花序。

然而，安妮·弗兰克的七叶树也开始显现出老态。千禧年之交时，这棵树已经布满了真菌和昆虫，对于那些前来向它正面力量表达敬仰之情的游客来说，它已经成为一种人身安全威胁。2007年，相关部门下达了砍倒它的命令，但公众的强烈抗议使得这棵树免于一死，人们采取了措施支撑它衰弱的树干和摇摇欲坠的大树枝。但在2010年，一阵强风超出了它的承受能力，这棵古老的七叶树被吹倒了。之后，安妮·弗兰克的这棵树的树苗被种在世界各地，以纪念它曾经给那场战争最著名的受害者之一带来的希望，并以此鼓舞后人。

对这棵树衰亡的愤慨，不只是对安妮·弗兰克记忆的见证，还揭示了七叶树的本质意义。这种看上去无法驯服的树木本身就代表着健康、能量和生命力。它是如此顽强，即使叶片落下，也不会平躺在地上。它们健壮的叶脉沿着古铜色的叶脊相聚，仿佛是被下降的气温所鼓舞。在严重的霜冻中，它们会卷曲成羽毛笔，作势要记下自己某个令人惊叹的秘密。

正是这一点，让生病的七叶树如此令人不安，人们对于一种总是洋溢着健康活力的树种遭受病虫害尤其担忧。最近几十年，这些总是兴高采烈的巨人面临着被一种小型蛾类幼虫击倒的危险，这些潜叶虫会钻进七叶树可爱的叶片中，剥夺夏日树叶的光泽，使其柔软无力并变成褐色。巴黎高大的七叶树在盛夏枯萎的景象，为假日气氛蒙上了一层阴影。这种树表现出对春天的渴望是一回事，当它预示着秋天加快到来时，就完全是另一回事了。

更令人担心的是在英国七叶树种群中蔓延开来的细菌性感染，它会让树皮流出液体，最终杀死树木。这种渗出的深色物质是树木对渗流溃疡的防御手段，而溃疡是由七叶树丁香假单胞菌和植物病原体疫霉菌导致的感染，目前还没有化学治疗手段。通过撕去伤口附近的树皮，就能看出内层树皮瘀青的感染范围。在某些病例中，感染局限在相对较小的区域，树木还能继续生长，但如果病害范围扩散至围绕树干一周，它就很难活下来了。

忽然之间，七叶树变得更有价值了。目前来看，潜叶虫的破坏更像是短暂的麻烦，而不是长期的威胁。渗流溃疡也可能是一种健康危机，而不是死刑判决。伪造自己的死亡似乎正是七叶树会耍的花招，但我们或许不应该将任何事情视作理所当然。

榆树

在史托尼斯特拉福镇集市广场的角落里，一棵树被围上了铁栏杆。由于这是一棵年轻、健康的橡树，长得又直又高，这个铁笼安装在这里似乎是作为一种保护措施，预先阻止那些认为破坏一棵树苗很有趣的人不怀好意的关注。然而，再靠近一点你就会发现，这个圆形铁笼外面还有一圈防护性的围栏。对于一个集市小镇的广场而言，这种措施似乎有些过于谨慎了。在这圈围栏里面，一块小小的名牌化解了疑问。原来，在这棵橡树矗立着的地方原本生长着一棵老榆树，约翰·卫斯理曾在那棵树下传道。史托尼斯特拉福的很多居民仍然记得这棵橡树令人尊敬的"前任"，它大概更像一个树桩而不是一棵树，不过每年春天仍然萌发出一连串形状像荨麻的叶子，仿佛在蔑视岁月。史托尼斯特拉福曾经是个中转站，从伦敦前往霍利黑德的旅行者在此停留。而在许多年里，这棵孤独的无头老树矗立在一家名叫"王冠"的古老马车旅馆旁，这幅场景带有一种可悲的讽刺意味。

这处空洞的遗迹是那棵壮观的榆树留下的全部遗产，卫斯理曾经在这里举行露天祈祷会，挑战在广场另一头定期举办的老教区教堂活动。那块纪念他即兴讲坛的名牌，是在1950年由当地卫斯理公会教堂的一位成员委托安装的，当时那棵榆树比卫斯理时代更大更茂盛。30年之内，荷兰榆树病将它变成了残骸，几只没有完全熄灭的烟蒂又将它彻底终结。围栏竖起来是为了保护这棵老树，但呈现出的效果使它变成了一个伤残的囚犯，被单独囚禁了如此之久，以至于没有人停下来想想是为了什么。不过这棵榆树的残桩被留了下来，纪念卫斯理的传道以及所有曾经在英格兰繁茂生长的榆树。和它们一样，卫斯理的榆树现在荡然无存。

从举足轻重到濒临灭绝，榆树在现代意识中经历了彻底的转变。这种树曾经是英国景观纹理的基本组成，却在短短10年之内几乎被抹除了。如今仅存的可供少数榆树存活到成年的地方已经变成了庇护所，因为那里有曾经司空见惯的生存机会。1987年10月的大风暴将许多绿树成行的街道变成了拆迁现场，在之后对伦敦大树的盘点中，"玛丽勒本榆树"成了威斯敏斯特区的最后一棵榆树。布赖顿的榆树是这座城市绚烂多彩文化的一部分，如今就像英皇阁一样古怪。突然爆发的物种灭绝就是这样，本来平凡的事物只需留在原地，就会变得不凡。

在英格兰和威尔士的大部分地区，一棵成年榆树的画面已成历史。人们几乎能从任何一张比较古老的风景画上立刻认出它们，它们是"康斯太布尔故乡"中的标志性特征，是透纳绿树成行的泰晤士河素描中独特的存在，是乔治·斯塔布斯（George Stubbs）《收割者》背景中柔和的剪影。它们出现在英国乡村明信片上，并被保存在20世纪70年代之前拍摄的电影和照片中。这些常常有些头重脚轻的高大树木拥有簇生成团的树叶，仿佛是粗糙的绿色无纺毛线缠绕在一根非常结实的纺锤上。榆树的叶片小且有锯齿，很早就舒展开来迎接春天的第一缕阳光，但是表面略显粗糙。榆树曾经沿着东盎格鲁的小巷和河流茂密地生长，为英格兰中部地区运河上缓缓顺流而下的维京长船遮阳。它们在古代的城市中形成美丽的人行道，例如乔治王朝时代约克市乌斯河沿岸的新步行道，以及牛津大学中穿过基督堂学院抵达伊希斯河的那条宽阔步行道。生长了二十年的榆树经过移植也不会死，所以很适合在18世纪的风景花园中创造优雅的几何图案，例如环绕肯辛顿花园中圆池的"巨弓"，以及斯托园的"大道"，它向上延伸一英里多，直到抵达山丘顶端的科林斯

●《收割者》，乔治·斯塔布斯 绘

式凯旋拱门。微风吹拂下，榆树的叶子可爱地飘动着，柔化了略带军国主义气息的刚直线条，但在更强的风中，一排榆树会像辛苦劳作了一整天后突然摆脱束缚的马一样颠来倒去。这不再是一道常见的景致。极少数遗留下来的英格兰榆树是最后的成员，尽管这个家族曾经兴盛到遍布英格兰，从康沃尔郡到坎伯兰郡，再从肯特郡到卡那封郡。和其他常见的本土树种不同，这些树不可避免地会引起人们截然不同的看法，它们的传统意义如今也受到濒临灭绝这一事实不可磨灭的影响。

自 20 世纪毁灭以来，"榆树"这个词就和"疾病"建立了密不可分的联系。虽然 20 世纪 20 年代暴发过一次严重的荷兰榆树病，但规模远不及那场肆虐了整个 20 世纪 70 年代的树木传染病大流行。这场瘟疫就像玛格丽特·撒切尔的掌权一样，永远改变了这个国家。荷兰榆树病致病真菌这个新的、更致命的菌株直到 20 世纪 60 年代末才被首次发现，却在短短十几年时间里毁灭了英国的榆树种群，摧毁了大约 2500 万棵榆树。这场势不可当的瘟疫嘲弄了植物科学家和保育学家，他们似乎根本无力阻止它野蛮的脚步，一旦出现疫情，就无法采取任何措施阻止一排巨大、健康的榆树一棵接一棵地染病，直到它们只剩下瑟瑟发抖的骨架。村庄的绿地、宏伟的大道、历史悠久的古树和寻常人家的树篱，全都死于一种无视年龄、地理位置和历史地位的病害。

荷兰榆树病之所以令人不安，另一个原因是英国与它显而易见的发源地——荷兰十分接近，一片出产牛奶和奶酪、瓷砖和郁金香的土地。换句话说，荷兰是身心健康的象征，现在却成了一种致命入侵者的起源地。这种背叛让看不见的威胁更令人焦虑了。实际上，荷兰榆树病并不来自荷兰，而是来自大西洋对岸，可能是随着受到感染的木杆入侵的。这个名字取自针对这种病害的研究，20 世纪 20 年代的荷兰科学家最早着手。罪魁祸首是一种致命的长喙壳菌属真菌，它会在榆树的内部输水系统造成堵塞，让水分无法抵达树冠。被感染的树会从上到下枯萎，一旦真菌侵入根系内部，它必死无疑。长着棕色翅膀的小甲虫欧洲榆小蠹会落在树干上，在树皮里挖出深沟产卵，以这种方式在不同树木之间传播真菌的孢子。染病的初期症状是大树枝从树冠中向上伸出，就像骨瘦如柴的手臂指向天空，叶片出现凹凸不平的肿块，树干内部出现深色污渍，但可能需要一年或者更长时间才能让整棵树死亡。榆树的衰亡也为依赖它广泛分布的其他物种敲响了丧钟。拥有鲜艳虎纹的巨大玳瑁蝶曾经是最常见的英国昆虫之一，但现在已经灭绝了。布赖顿的普雷斯顿公园中生长着这个国家保留下来的少数古老榆树，这些榆树的叶片维系着离纹洒灰蝶岌岌可危的命运，因为它们唯一的食物来源就是榆树叶。

榆树适合在海边的空气中生长，它们曾经充斥在布赖顿每一座公园和城市广场，因为摄政王在 19 世纪初一度全身心投入到一项庞大的榆树种植计划中。20 世纪 70 年代，市议会采取本地树木学家罗布·格林兰的建议，实行有力措施拯救他们的标志性树木。南部丘陵在布赖顿与英格兰其他地区之间形成了一道天然屏障，有助于创造出预防荷兰榆树病的小气候和潜在的零星抵抗。人们孤注一掷，开展砍伐感染树木的行动，以免殃及它们健康的同伴，并沿着南部丘陵建立起一道防疫封锁线。布赖顿如今是国家榆树收藏之乡，这些榆树骄傲地矗立在市中心的平地公园中。在 19 世纪的全盛时期，这里曾种植了 1000 棵榆树，如今的种群规模虽然缩小了很多，但仍然是在英格兰看到一群漂亮成年榆树为数不多的地方之一。就在城外，萨塞克斯大学也有自己的大榆树，它们的年纪比这座校园本身以及那些刚刚下课赶着吃午餐的学生大得多。虽然布赖顿榆树取得了冲破千难万险的英雄般的胜利，但它们仍然处于无休止的危险中。尽管在最容易染病的夏天，当地防疫部门和许多居民都持续不断地关注它们并保持警惕，这座城市还是在 2014 年损失了大约 30 棵成年榆树。由于榆树是人们满怀热情共同努力的焦点，所以一棵树倒下就成了当地的一场悲剧。

成年榆树在很多地区已经基本灭绝，但仍然有可能找到更年轻的榆树，像它们的祖先一样自由地抽枝散叶。这种毁灭性的病害似乎会放过树苗，只感染大约 15 岁的树木。无论是因为预示死亡的甲虫只侵袭更大的树干，还是因为从根系中抽生的枝条已经感染了真菌，这些年幼的树都没有真正成年的希望。榆树一般通过树根出条繁殖，因此总是从一个主根长出成行或者成簇的树干，但是彼此分离的树也会在地下融合，将根系连接起来。早期的人类聚居点常常被榆树环绕，它们既可以作为屏障抵御严酷的气候，也可以成为一种天然伪装躲过四处劫掠的入侵者。如今，这种充满友爱和保护精神的习性反倒是它们的致命缺陷。

于是，榆树不再是和杨树、橡树以及白蜡肩并肩茂密生长的大型本土树种，而是一种细长、年幼的树，注定会迎来早逝。随着树冠从上到下枯死，它最终就像残骸一样凄凉地矗立在原地，直到被砍倒或者自己倒下。榆树象征着力量的失去、永恒的消逝和对过去的怀恋，更令人心酸的是，它暗示着青春希望的破灭。如今，一棵榆树就是一个与树有关的碎片，令人想起灭绝的种群以及永远不会变成现实的繁荣梦想。

有人试图通过种植可能抗病的榆树来补充英国榆树种群，这些树往往是从国外进口的。中国和日本的榆树基本上都已经被证实对荷兰榆树病免疫，某些美洲榆树的易感性也比英国榆树低得多。甚至本土榆树的某些品种也不会有太糟糕的表现，比如叶片狭窄的亨廷顿榆树和山榆，后者又称苏格兰榆树，至今仍然广泛分布在遥远的北方。受到严重打击的是英格兰榆树，突如其来的灾难性毁灭彻底改变了我们对这个曾经无处不在的物种的认识。通过绘画、描述性写作、故事、手工艺品、历史记录和植物学研究，我们得以窥视它在英格兰文化中谦逊安静的气质和至关重要的地位，但这一切都带有一种可能被抹去的伤感。幸运的是，1955 年至 1976 年间，R. H. 里琴斯对东安格利亚的榆树进行了一项详尽的研究。他杰出的著作《榆树》恰好在这些研究对象突然消失之后出版，这本书将执着的科学精神与一种强烈的丧亲之痛结合起来。

在早期乡村作家如约翰·克莱尔的诗歌中，通过一笔带过的方法描述一棵榆树为剪羊毛的工人或烈日下收割庄稼的农民遮阳，我们可以感受到榆树在当时是多么平凡。在弗朗西斯·基尔弗特（Francis Kilvert）笔下，19 世纪末一位生活在威尔士边境的牧师在他的生活日记中也总是提到为小巷和当地教堂墓园遮阳的大榆树。教区记录和地方志证实，古代的榆树通常被作为集合地和边界树，就像位于牛津郡法菲尔德边界上的塔布尼榆树一样，那 36 英尺的树围让它成了非常醒目的地标。位于约克郡东区、在霍恩西附近的锡格尔斯索恩，曾有三棵古老的榆树分布在通往村庄水井的路上，分别名

●克劳利榆树，摘自雅各布·斯特拉特的《不列颠森林志》

为"男低音""女低音"和"男高音"，在它们宏伟的树枝下，人们会坐下来高谈阔论一番，然后带上自己的水罐回家。一棵古老的榆树可以活700多年，逐渐变成一片土地上和四维空间中的永久性标志。例如，当雅各布·斯特拉特前来看望克劳利榆树时，这棵树已经长到了70英尺高，树围几乎也是这个数字。那些照看着孙儿爬上它巨大树根和底部树枝的祖父母，还记得自己的祖父母讲述他们儿时在这棵榆树上玩耍的故事。它更像是一个深受爱戴的家庭成员，而不只是一棵树。E. M. 福斯特（E. M. Forster）在小说《霍华德庄园》中捕捉了榆树精神中的延续性，自以为是的一家人秉持着实用、激进的生活态度，而一棵矗立在花园里的古老山榆则代表着与之完全不同的立场。

斯特拉特可喜可贺的成果，不仅包括他的英国大树画作，还有他绘画时产生的感想。由于容易感染病害，榆树早在那个时候就开始引起人们的焦虑了。斯特拉特充满担忧地提到圣詹姆斯公园里的榆树最近在消失。大榆树们则通过早早萌发的芽、茂盛的枝叶以及惊人的长寿中所蕴含的活力以示反驳。无论病虫害造成怎样的影响，在 20 世纪 70 年代之前，都没有人真的相信榆树不会继续骄傲地生长在不列颠的土地上。位于莱科克的"大榆树"，是首批被摄影师拍下肖像的树木之一，威廉·福克斯·塔尔博特（William Fox Talbot）在 19 世纪 40 年代用精彩的照片为它留下了永恒的瞬间。它那没有叶片的剪影高耸在柔和的深棕色灌丛之上，有一种奇特的鬼魅感，像是来自另一个世界的武士从雾气中现身。它是旷野中的巨人，雄壮美丽而令人敬畏，看上去仿佛不受时间的摧残。

托马斯·哈代真正把握了普通人和英格兰榆树之间的紧张关系。在他与树木有关的小说《林地居民》中，一棵榆树发挥了关键作用。索思先生是小辛托克村一名病弱年长的居民，他日复一日地为自己屋外的这棵大树担心。由于过于恐惧它会倒下来砸碎自己的房子，他的病情加重到无法出门。为了驱散笼罩在头顶的阴云，他把所有方法都试过了，包括传统的修剪榆树法，砍掉一些分枝让光线透过来。然而，这些尝试都失败了。于是，一位来自伦敦、刚刚完成培训的医生登场，他做出了一个看似合理的决定——这棵树必须倒下。随着树被砍倒，索思先生的生活摆脱了这团阴影，但

●莱科克的"大榆树"，威廉·福克斯·塔尔博特 摄

这种突然的转变具有更大的毁灭性。第二天，索思先生死了。哈代比大多数人更理解人与树之间复杂的亲密关系。多年以来，索思先生对自己、对世界的全部认识都依赖于这棵强大的榆树，它

那无可置疑的存在既让他恐惧，又奇怪地带来一种坚定的生活信念。失去它就是失去他自己，它死了他也不能活下去。

哈代选取榆树来撰写这个关于神经质心理的寓言，可以说是恰如其分。榆树的根系浅，所以特别容易被强风吹倒。许多在20世纪70年代荷兰榆树病暴发中幸存的榆树，都毁于1987年的大风暴。甚至直到现在，强风也是一项隐患。萨福克郡的罕见幸存者之一，一棵生长在沃灵厄姆、高250英尺的庞大而古老的榆树，在2015年5月的一天清晨轰然倒塌，砸穿了附近好几座平房的屋顶。榆树还会毫无预兆地掉落大树枝，纽约有一位非常倒霉的社会服务工作人员对这一点深有体会。2017年7月的一个闷热夏夜，当她在曼哈顿的斯泰弗森特广场公园遛狗时，坐在了一棵大榆树下的长凳上，几分钟后便被一根突然掉下来的大树枝砸到。类似的事件还有很多，比如吉尔伯特·怀特曾提到的1703年发生在塞耳彭的巨大榆树枝掉落事件，在80年后仍是当地人茶余饭后的谈资。因此，索思先生对那棵树的恐惧完全可以理解。不过哈代仍然用这个故事说明，焦虑一旦生根，就会向上长出吸盘，充斥人的全部思维。

毫无疑问，哈代还注意到了榆树作为棺材树的名声。直到20世纪70年代，英格兰还一直保持着稳定的榆木供应。榆木板非常结实，即使在极端条件下也很耐久。榆树枝过去被挖空做成管子，它们比其他木材更不易腐烂，所以早期自来水管道系统往往依赖这些树。轮船和水力磨坊的桨片曾用榆木制成，而造船厂还用它来制作龙骨和战舰两侧的炮架，以及需要长期暴露在咸水中的东西。巨大的榆树圆材被用作桥梁基础，而榆木板为谷仓和农舍提供了坚固的挡雨板。如果要在6英尺深的潮湿泥土中盛放尸体，榆木当然是个好选择。《墓园挽歌》这首诗中，托马斯·格雷看到坟墓周围那些"粗犷的榆树"时，大概想当然地以为每个人都知道这些树是棺材板的来源。

既然格雷笔下的教堂墓园位于南白金汉郡的斯托克波吉斯，那么这首诗哀悼的无名之辈中，有些人可能是家具制造商，生前曾经丈量过这些潜在木材的尺寸。榆树在奇特恩斯有很大的需求，这里是天然的全国椅子制造业中心。经典的温莎椅用白蜡或橡树可弯曲的木材做椅背，用山毛榉木做弯曲扶手，用榆木做椅面。一块好的榆木拥有紧紧相扣的纹理，足以承受扁斧和刮刀的连续冲击而不裂成两半。技艺纯熟的工匠不辞辛劳地对这块木头又凿又磨，再进行抛光，逐渐将它变成一个光滑起伏且符合人体结构的平台。制作椅面的工匠（并不出人意料地）被称为"bottomer"（bottom 意为臀部，因此 bottomer 可以理解为"负责臀部的人"），而制作椅子其他部位的人被称为"bodger"（意为"椅子车工"）。一把抛光后的榆木椅子是如此精工细作，以至于线条从椅背中央的高点向两边延伸就像泥炭水从一块光滑的石头上流走一样。如果"bottomer"的活儿做得好，椅子就不需要坐垫。榆木舒适的弹性和防水性意味着它从前还是制作抽水马桶圈的最好选择，当时的马桶圈是用木头精心制作的，而不是像后来那样用塑料模具冲压出来。

　　虽然榆树在很多方面是家用程度最高的木材，但这种树仍然带有一点令人不安的联想。关于榆树和坟墓耸人听闻的传说在当地人心中萦绕已久。"莫德的榆树"生长在如今基本被切尔滕纳姆纳入版图的斯温登村，据说它是由钉进莫德·鲍恩心脏里的木锥长成的。因为当时（具体时间未指出）自杀者不能进入基督教墓地，她死后被葬在村庄的十字路口。这个故事是这样的：莫德被发现赤身裸体地躺在河里，显然是她送完手工纺织的羊毛在返回镇上的途中淹死了。她叔叔的尸体也被发现了，胸口有一处致命的箭伤。两个人的死看上去都令人费解，但莫德被认为是投水自杀的。她的母亲悲痛欲绝，在自己女儿的坟墓旁坐了好几个小时，然后这棵年幼的榆树开始从墓地里向上钻出来。当地的乡绅忍无可忍，要把她赶走，但是当他对这个无助的女人动粗的时候，他的一个手下突然被一支箭射中了。莫德的母亲被当场逮捕，并以施展巫术为由遭到审判，最终判处她在女儿的墓地上被烧死。接下来发生的事更可怕，她被绑在那棵榆树上，周围摆满薪柴。当柴堆点燃，乡绅在一旁观看并嘲笑起哄，却被一支不知道从哪儿来的箭射进了熊熊燃烧的火焰里。

在这些诡异无比的事情发生了许多年后，一个老人来到了鲍恩家的茅舍。他忏悔道，是自己杀死了那个乡绅、他的仆人，还有莫德的叔叔，因为当时他爱上了莫德并亲眼见到她被乡绅和自己的叔叔强奸。无论这个故事有几分真假，"莫德的榆树"显然在那场大火中幸存，并茂盛地生长了几百年，还被视为权贵者制造社会不公的象征。虽然这棵大树是一桩暴力事件的发生地，但它也保存了那些被社会驱逐的人的名字，在这无名的坟墓旁成为一座意味深长的、有生命力的纪念碑。

榆树代表的意义往往不只是眼睛最初的所见。华兹华斯动人的叙事诗《废毁的茅舍》中，从同一主根长出来的一群高大榆树在关于遗弃、绝望和死亡的充满人性的叙述中，点明了生活和社群这一反复出现的主题。在最后一批人类房客去世很久之后，这些健康的树继续高耸在被遗弃的茅屋上空，以一种神秘莫测的姿态对那些曾经认识和喜爱它们的人诉说着。很难把握这些榆树的意义，它们曾是一处住宅的标志，是旅行者相遇的地方，此时也许是一座纪念碑，或者只是提醒人们大自然拥有"平静又健忘的倾向"。这首诗是一位睿智的老人和一位年轻旅行者之间的对话，而这些巨大的榆树高耸在两人头顶，遮蔽着他们并投下阴影。

在马修·阿诺德（Matthew Arnold）为他的朋友和诗人同行亚瑟·休·克拉夫所作的挽歌中，"一棵鲜艳的榆树／靠在西边"在哀悼中扮演着重要角色。当痛失挚友的言说者试图重温这段青春友谊的快乐时光时，他回忆起在这棵树下发出的誓言：

它矗立一旁，而我们开口说道，
我们的朋友，吉卜赛学者，没有死掉；
只要这棵树活着，他就在这片田野里，长生不老。

在被阿诺德和克拉夫发现之前，这棵老榆树早已矗立在那里了，在他们去世之后，它还会茂盛地生长。而它似乎守护着他们共同理想世界所体现出的价值观，那个世界不会受到经济的牵制、市场的控制，也不会被破坏性更强的现代化趋势所玷污。悲痛的阿诺德在重访这棵榆树的经历中得到了慰藉，尽管他仍然承受着撕心裂肺的孤独：

我将不会绝望，当我已经看见，
在英格兰温和的天幕下，
那棵孤独的树，倚着西边的天空。

然而，这棵树孤独的存在与西边天空暗示的夜幕揭示了某种潜在的疑虑。阿诺德或许是在向这棵树寻求安慰，但是关于它的某种东西暗示着无言的脆弱和逐渐黯淡的前景。

如今，榆树的形象无可争议地象征着失去。在爱丁堡的皇家植物园，也有一圈栏杆将一棵榆树的遗迹围在里面。风神亭是它的纪念馆，不像史托尼斯特拉福那样只有一块小小的名牌，这里面存放着有形的遗迹——一台巨大的凯尔特式风琴，由那棵在 2003 年死于荷兰榆树病的老山榆制成。这棵树已经消失，花园也变得空荡了一些，而风拨动着奥西恩风格的琴弦，演奏出哀伤的安魂曲。

榆树如此动人的地方在于，人们意识到它的传统意义终究与它自己的命运相符。千百年来，榆树俯视着发生在它树下的人间生死，有时甚至因它而起。这种树的木材陪伴人们前往最终的安息之

●伯基特·福斯特为华兹华斯的诗《废毁的茅舍》绘制的插图

地，和他们一起进入潮湿的墓穴。但是，榆树最终也被击倒了。拜伦在哈罗时常常坐在教堂墓园里那棵老榆树下，思索时间的流逝和欢乐的短暂。这个忧郁的地点赋予的灵感让他写了一首哀歌，他想象低垂的榆树枝在低语："趁你还可以，好好做一次依依不舍的最后告别。"写下这行诗句时，拜伦正在哀悼自己少年时代的逝去。仅仅几年后，他五岁的女儿阿利格拉便夭折了，被葬在哈罗她父亲最喜欢的那棵榆树下。拜伦的这一句充满青春忧愁的诗，因此沾染了一层更深刻、更具体的悲伤。如今，这棵大树就像它许多的同胞一样已经死去。拜伦的诗句不但充满了怀旧之情，还因此具有了预言性。他少年时代最喜欢的关于树的华丽词句，现在成了献给英格兰榆树的墓志铭。

柳树

柳树的叶片细长优雅，被一条浅浅的中央叶脉一分为二，尖端略微上翘，倒是很像蒙娜丽莎的微笑。一棵成年柳树就是这些轻盈浅笑的嘴唇的集合，在每一缕微风中柔声倾诉，即便在静止的空气中也微微颤动。当风力更强时，所有树枝都被吹得荡起涟漪，它们开始喋喋不休，放声大笑。到了秋天，尽管变成棕色且显得稀疏，它们仍然献出最后一首不协调的合唱，热热闹闹地敲打着自己的枝条，直到一阵大风将它们吹得干干净净。从最初展露的新芽，到最终屈服于冰霜，柳树的枝条总是在不停地摆动，让空气永远不得安静。但是，柳树到底在说什么呢？

我们期待听到的，也许是轻柔的叹息或者无法安慰的啜泣。自从被驱逐的以色列人将他们的竖琴挂在巴比伦水边下垂的柳条上，柳树一直以来被视为失去之树。在 20 世纪 70 年代的摇滚民谣潮流中，哈利·尼尔森恳求听众倾听柳树的哀号，而"钢眼斯潘"将一顶柳树帽子难忘的节拍和遥远的真爱铭刻在黑胶一代的心中。从《旧约》中的《诗篇》到上世纪 70 年代，其间不知道有多少被抛弃的爱人和破碎的心。从古老的民间歌谣到爵士乐，关于柳树的歌总是悲伤的。莎士比亚大大增强了柳树的忧郁意味，在《威尼斯商人》中，洛伦佐想象着，当埃涅阿斯扬帆起航的时候，迪多被留在他身后，手里只拿着一根柳枝；在《哈姆雷特》中，格特鲁德描绘了一幅动人的画：在一棵倾斜地生长在小河旁的柳树下，奥费利娅跌进她水中的坟墓；但最令人痛苦的，是苔丝德蒙娜被杀的那天晚上对歌曲《绿柳树》的演绎。在叶芝看来，失去的爱不只是对女子而言。《走

197

进莎莉花园》这首诗中，柳树再次成了充满忧郁的幽会地点。（除了"willow"，柳树的别名还有 salley、sally、sallow，或者爱尔兰语中的 saileach，所有这些名字都和它的植物学拉丁名 *Salix* 紧密相关。）在这样温柔的歌曲中，柳树那柔软、摇曳的树枝似乎在爱情溜走之前轻声倾诉着甜蜜的秘密。

剧作家吉尔伯特和作曲家沙利文滑稽地改编了《柳树曲》令人心碎的传统意象。他们借用了河边的一棵柳树，让一只小山雀落在上面，唱着"柳，山雀柳，山雀柳"。它的歌喉如此哀伤，以至于听到歌声的可可深受感动，并问道："小鸟儿，我哭了，这是因为智力缺陷，还是因为你小小的身体里有个大虫子？"答案当然还是"柳，山雀柳，山雀柳"。这首歌是可可轻而易举的情感勒索，她的求爱正在被唾弃，小鸟儿又"啜泣"又"叹气"，然后一头扎进"汹涌的波浪"里。这是一种警示，给那些对爱情失望的人或是无情的人，他们可能使得被拒绝的仰慕者采取极端手段。柳树象征着被摧毁的爱慕和自杀性的绝望，它的本质中似乎有一种东西让每个人都想哭泣。它的枝条和末梢都下垂得如此明显，让人产生这种观感也合情合理。不过，这种简单的解释有个问题，那就是在垂柳传入英国之前，就已经有很多这样的民间歌曲了。莎士比亚或者传统的柳树民谣传唱者对如今无处不在的垂柳是完全陌生的，因此，奥费利娅在长长的柳条下顺着水流漂走的画面虽然非常唯美，但肯定不符合史实。

垂柳（虽然林奈的命名是为了纪念《圣经》中的那些著名柳树，但这种柳树其实来自中国）一直到 18 世纪才在英国站稳脚跟。据传，将它引入英国的是诗人兼热忱的园艺师亚历山大·蒲柏。他在特威克纳姆的邻居亨丽埃塔·霍华德是萨福克女伯爵，她的情人乔治二世下令修建了位于泰晤士河畔的帕拉第奥建筑风格的豪宅。有一天，女伯爵收到了来自土耳其的礼物，是一些无花果。据说蒲柏看中了礼物的包装，将这充满异域风情的篮子所用的一根小树枝讨了回去，

●亚历山大·蒲柏位于特威克纳姆的别墅

然后将它种在自己别墅的花园里，就在河边不远处。后来，这根小树枝长成了一棵美丽的垂柳。更可靠的说法是，如果蒲柏果真在泰晤士河畔种下一棵垂柳，最初的插条应该来自他的房东托马斯·弗农，此人通过与黎凡特地区做贸易赚取了丰厚利润。大概是因为蒲柏对植物学感兴趣，才使得这种非常美丽的园景树引入英国。

蒲柏的确为垂柳在英国的传播贡献了自己的一份力量，他在去世前不久将一些柳树细枝送给了巴斯的朋友们，但他对柳树文化的真正贡献是无意的而且是身后之事。"蒲柏的柳树"在很大程度上是浪漫主义的创作，在他去世若干年之后的油画和素描中，柳树才作为一道优雅的景致出现在他位于河边缓坡上的花园前景里。随着这位诗人的故居在 1807 年拆除，那棵垂柳也被砍倒，只在他著名的石窟入口留下一个树桩。这棵树被制成了小型木头工艺品和珠宝首饰，就像耶稣受刑所用的十字架一样被诗歌爱好者珍藏。许多年来，《泰晤士河旅行指南》一直在惋惜英格兰最神圣的文学地标被毁，蒲柏的柳树化为一种失去的象征，是对一位理智诗人伤感的纪念。

18世纪末，这种树木如瀑布般倾泻而下的独特外形已经在英国随处可见了，不只是因为蓝白相间的柳树图案常用在茶具和餐具上。这样的盘子至今仍在生产：灿烂的蓝色宝塔矗立在围墙环绕的中式湖畔花园中，一艘船出现在背景中，一对鸟儿高高地飞过广阔的白色天空，在汤羹、牛排或是沙拉下面传达着潜在的柳韵。这种盘子描述了一个东方故事，讲的是年轻的爱情如何被一个专横的父亲和一个报复心很强的贵族求婚者摧毁。这个中国人的女儿反抗父亲的安排，不愿嫁给有钱有势的丈夫，和比她社会地位低很多的情人在新婚之夜私奔，此时柳树的花序正要落下。这对年轻的情侣从府邸逃出，穿过一座桥后逃到一座秘密的岛上，幸福地在这里生活，直

●柳树图案的盘子

到被拒绝的求婚者发现他们的避难所，并派出自己的军队。这对情侣在死后超越俗世，化身为一对相思鸟。在这幅瓷器图案的正中央，摇曳生姿的柳树矗立着，居高临下地俯视着府邸花园、小桥和船，用它鲜艳的蓝色叶片向这对眷侣招手。

虽然这个故事符合当时的人对所有东方元素的想象，但它似乎完全是英格兰人的发明。中国到底对顾客意味着什么，以及什么样的东西能卖出去，机智的陶瓷艺术家托马斯·明顿对这些问题都非常清楚。柳树瓷器是一个很早的成功营销案例，表明先入为主的观念和浪漫叙事经过精心利用后完全可以用于商业。蓝白餐盘大受欢迎，还进一步加强了垂柳与那类以爱情和失去为主题的悲伤故事之间的联系。正如中式风格以及宝塔、小船这些细节所表现出的，垂柳在18世纪末的英国仍被视为一种充满异域风情的东方树木。刚刚站稳脚跟的垂柳，为柳树与哀悼之间这种传统的、本土化的意义联系提供了完美的嫁接砧木。随着这种东方柳树的到来，关于哭泣（weeping）和柳树（weeping willow）的旧观念在鲜活的实物中得到了统一。

民间歌谣里的柳树肯定是柳属的众多本土种类之一，例如白柳、爆竹柳、黄花柳、灰毛柳、五蕊柳和蒿柳。所有这些柳树都在英国繁盛了千百年，但其中没有一种是垂枝生长的。实际上，很多种柳树看上去都像蓬头彼得，有弹性的树枝从簇生树冠上伸出，一束束更小的细枝在天空中映衬出剪影。当一个人被说像"柳树"时，通常指的是轻盈、年轻、窈窕的体格，但很多柳树实在是太容易中年发福了。实际上，它们生长得如此迅速，以至于老柳树所承载的重量有可能把树干撕成两半。爆竹柳的通用名可以说是名副其实，因为它常常从中间向下爆裂，并发出很大的响声。一场突如其来的夏季风暴会将一棵舒展的老树劈成两半，就像一把精准的斧头劈开一根圆木一样。成年柳树在自己可能致命的茂盛树冠下死死撑住，仿佛它们的存在本身就是一场漫长的强者竞赛。只要刮起风，我们花园里那棵肥硕的老柳树就会开始扭曲咆哮，仿佛在提醒我们一声嘎吱作响就能很快变成一声爆裂。

经常进行截顶处理可以缓解这个问题，因为去除树枝会减轻树冠的重量。这种传统做法还能提供细长的橄榄色木杆，用来做栅栏和花园景观，或者晒干后砍成圆木。截顶让树木突然光秃秃的，更加成熟的柳树会因此看上去非常吓人而且很不平衡。很难相信这样一根赤裸的树干还能恢复往日的尊严，直到树枝再次不可阻挡地抽生出来，比以往更加浓密新鲜。E. H. 谢泼德（E. H. Shepard）为《柳林风声》绘制了柳树插图，这本书一直都是最受欢迎的童书。

柳树令人惊叹的能量体现在，即使是从树干上粗暴地扯下富有弹性的树枝和枝条，通常也不会影响它们的生命力。无论是粗是细，柳树插条都是天然的生存能手，所以只要将它们插进潮湿的土地，总能生出新鲜的绿色嫩芽，一根细小的枝条在几个月之内就能长成一棵树苗，因此柳树是最容易播种的树。这就是为什么号称"拿破仑之树后代"的柳树遍布 19 世纪的欧洲，它们显然生自圣赫勒拿岛上拿破仑坟墓边的柳树。如今，柳树的枝条经常被种于方尖碑、藤架、拱门和棚屋旁，赤裸的棕色树干很快就会被掩藏在一层浓密的浅绿色叶片中。经过短短两三个夏天，使用年幼柳枝编织出的架子就会从光秃秃的框架结构变成绿意盎然的凉亭。

古罗马人用于架起葡萄藤的柳树秆子为月季、金银花，甚至难以应付的火棘提供了良好支撑，让园丁将最平整的土地变成一大片郁郁葱葱、翠绿欲滴、直立挺拔的园林造型，在整个夏天都披着浓密的叶片，映衬着繁花似锦的攀缘植物。在精心编织的柳条架子上，就连一株不被铁丝固定的攀缘月季也会爬到它应该去的地方。尽管《圣经》中有那段著名的记载，但如此茁壮的树为什么会和破碎的心联系起来，仍是个谜。（而这种联系现在已被证伪，因为《诗篇》第

137篇中记载的巴比伦水边的柳树其实是胡杨。）

由于不同种类的杂交以及许多共同特征，鉴定柳树一直很有难度。它们鲜艳的柠檬黄色柔荑花序为昆虫早早准备了食物，它们粉末状的种子随着最柔和的春风四处飘散，它们是天然的水性杨花之树，总是忍不住杂交授粉，产生无数杂种。柳属在全世界约有450个不同物种，而植物学家还在继续清点。仅在英国，柳树的品种数

● 《柳林风声》

量就多得惊人，尤其是把不同种类的黄花柳和编织柳也算进去。

柳树至今仍在萨默塞特平原上进行商业种植，它们一直是当地经济的重要组成部分。最适合编织篮子的柳树是那些植株低矮的品种，被称为"编织柳"，这种柳树抽生出的枝条有足够的强度和柔性，弯曲编织也不会开裂或折断。编织柳有许多种颜色，包括"黑大槌""魏尔伦黑""佛兰德斯红"和棕色的"温森德拉"，以及散发着温暖夏日气息的"金柳"。它们鲜艳多彩的树皮意味着篮子可以呈现出一系列天然色彩，有泥炭棕色、紫色、橙色、金色和锈红色。还可以将柳枝晒干直至变成棕色，放入沸水中煮成黄褐色，然后剥去树皮，露出里面浅白色的木头。如果篮子最能让我们想起缝纫和购物，那么柳树作为一种创意材料的潜力才刚刚得到应有的认可，不同品种的柳树是自然雕塑的可再生调色板。

"黑大槌"即三蕊柳，被塞雷娜·德拉埃选中在千禧年制作一个巨大的柳树人像。她的巨大雕塑居高临下地俯视着萨默塞特郡，仿佛是一个昂首阔步的巨人庆祝当地的传统产业。这座雕塑的全名是《西方柳人》，它矗立在布里奇沃特M5高速公路旁，夸张地张开双臂，是该地区对安东尼·戈姆利（Anthony Gormley）著名的《北方天使》的致敬。《西方柳人》揭幕不到一年，就被纵火犯烧毁了。也许是因为它揭开了关于"柳条人"的黑暗记忆？这是一种传说中德鲁伊教的祭司方法，将犯人绑进用柳条编织的巨大人像中，然后活活烧死。这种恐怖的古代刑罚很有可能是尤利乌斯·恺撒捏造出来的，以便使不列颠群岛的入侵行为正当化。这个说法充满想象力地延续了千百年之久，在电影《柳条人》中得到了有力的体现。烧死《西方柳人》可能是因为一个脆弱的巨人引发了正常破坏欲，也可能只是因为点燃方圆数英里都能看到的烽火会令人兴奋。无论纵火犯的动机是什么，《西方柳人》最后被耐心地重建，并用一条巨大的壕沟保护起来。然后它就只需要对付当地的鸟类了，因为它很快长出了许多适合做巢的树枝。

西南部各郡的平坦湿地是柳树雕塑的家园，各地经常举办节日活动宣传本地种植者，并鼓励人们亲手尝试编织。国际著名的柳条女雕塑家艾玛·斯托瑟德就是在萨默塞特平原学习的柳编技艺，如今她能用巨大而扭曲的成束柳条创造出和实物同等大小的马、公牛、鹿、野兔，甚至是一群狗。在查茨沃思庄园，劳拉·艾伦·培根以独特的有机形式将柳条绞拧着编织成雕塑，陈列在菜园里的果园中。由于燃烧柳木制成的焦炭最适合艺术家作画，所以在雕塑的起草阶段也常常用到柳树。

尤利乌斯·恺撒对这种树的多功能性非常惊讶，尤其是它能为椭圆小船提供材料，这种小船只要包上兽皮就能防水，而且构造简单，轻巧得能让人扛在肩上行走于陆地，这些特性使它成了水陆两用船的一种原型。百人队通过训练能摆成龟甲阵，但甲虫一样的不列颠人也有他们自己的策略。编织物适用于社会上所有被视为合理可行的谋生手段，包括小圆舟、马车车厢、热气球篮子、滑翔机、婴儿车和洗澡椅。

柳树还很结实，不同种类的柳条能够承载不同的重量，因此足以做成坚固的箱子来盛放水果蔬菜、纺织品、原木、面包和自行车。用柳条编织的凳子、衣柜、沙发、吊篮椅、架子、摇椅、咖啡桌和地毯拍打器都在家具界风靡一时。现在，有环保意识的人也许可以预订一口柳树棺材。随着塑料袋被征收环境税，传统的购物篮（非常适合保护脆弱易碎的物品）也许很快就会回归。茂盛的柳树沿着车水马龙的道路形成一道生机勃勃的屏风，降低卡车路过的噪声，并保护儿童免遭交通事故。在花园里，柳树又是一排柔韧的围栏，让人们拨开枝条轻松地穿过，还不易被强风吹倒。

柳树的可燃性意味着它现在正作为生物质进行开发。在斯堪的纳维亚半岛，柳树木屑已经取代燃油，成为家庭取暖甚至是工厂使用的一种清洁燃料。柳树抽生枝条的速度很快，这让它们很适合作为可再生能源。此外，生长中的柳树继续吸收二氧化碳，还能抵消燃烧过程中产生的碳排放。在英国，它们正在用更酷的方式为环境保护做出重要贡献。编织柳可以在抽取脏水的过程中吸纳重金属离子，因此常被用于改造废弃工业区。随着近些年来严重洪灾频发，柳树也开始成为对付突发洪水的防御手段，它们长长的根系在湿润的土壤中生长得最好，不但能吸收和净化水分，还能稳固河堤。

柳木还能稳固人体，因为它轻盈光滑的质地非常适合为截肢者做假肢。罗汉普顿医院在"一战"期间的照片显示，大块大块的柳木被迅速加工，以满足人们对木头假肢的紧迫需求。容易燃烧的柳树在古代却是治疗发热的良药，柳木焦炭还是消化不良和肠胃胀气患者的福音（在爱狗人士的家里，一袋狗饼干中的深灰色柳木焦炭可以间接地发挥清新空气的作用）。柳树皮在很长一段时间里都被用于治疗扭伤、痢疾等各种病痛，因为含有水杨苷（阿司匹林的有效成分）。柳树舒缓疼痛和降低体温的能力与它温柔的外表十分相符，只要看到一棵柳树，看到它秀美的叶片开始变色，就足以平复内心的不安，漫长慵懒的夏天和缓缓流动的小溪旁的野餐回忆，足以安抚任何躁动。

对于很多人（包括著名的约翰·梅杰爵士）来说，柳树这个名字再加上"一点儿皮革"，就是下午茶和英伦风的代名词。众所周知，柳树提供了板球棒的原材料，这可以追溯到 18 世纪 80 年代，当时有一种新的白柳在萨福克郡被发现。东安格利亚富饶湿润的土壤为这种生长速度超常的品种提供了绝佳环境，这种柳树从河流和堤坝中汲取水分，产出很有弹性的宽纹木材。当这种树专门为了制造板球棒而种植时，便会被精心修剪，以免树干上长出不整齐的枝条。15 年后，这些树长到大约 60 英尺高时人们就可以砍倒并切割了，先截成长长的原木，再切成尺寸和板球棒相当的木块。新鲜木头大约需要一年时间彻底干燥，但只要水分完全蒸发出来，就可以进行压缩并制成球棒，足以对抗全世界最快的投球手。由于制作板球棒的柳树仍然在它们的故乡生长得最好，所以澳大利亚、巴基斯坦、印度和西印度群岛的击球手都只能在国际板球赛事中使用英国球棒。此外，制作板球棒的木头均来自雌树。

柳树对水的天然热爱还让它能够在非常不一样的领域发挥关键作用。在干旱时期，水源占卜师会按照传统用一根 Y 字形柳树细枝占卜，先在地上踱步，直到这根分杈的枝条开始朝下扭曲转动并指向一处地下水源。J. K. 罗琳无疑意识到了柳树在巫术以及威卡教的异教信仰中发挥的重要作用，因为她在《哈利·波特》系列小说中明确写到某些魔杖是柳木制成的。柳树的魔力在这些书中令人难忘，但表现得最突出的还是扭动着身躯的"打人柳"，它在月圆之夜尤其活跃，为变身狼人的卢平教授转移了注意力。哈利和朋友们遇到了这棵树，他们的飞车卡在它巨大的树枝里，这段情节展现了这种看上去柔软、温顺的树木还有可怕的一面。"打人柳"的直系祖先是《指环王》三部曲中狡猾的"老柳头"，而且很容易看出为什么这些

● 柳木板球棒

树被塑造成如此吓人的角色。一棵成年柳树，披着摇摇晃晃的浓密叶片，看上去就像一只巨大的绿色狼蛛，等待着抓住毫无防备的路人，将他们吸入自己空旷的树干。在月光朦胧的夜晚，一棵高大的柳树投射着不断变化的、庞大而蓬乱的影子，会呈现出可怕的怪异比例。

不断变化、控制潮汐的月亮，很容易让人联想到不断适应、不断摆动而且喜水的柳树。柳树与月球的联系拥有深远的渊源，借鉴了凯尔特人甚至是苏美尔人的神话故事。当尼古拉斯·卡尔佩珀（Nicholas Culpeper）在1653年编纂完成他的经典著作《草药全书》时，这种联系更为确凿。在关于柳树的条目中，他简单地写了一句，"月亮拥有它"，接下来又写道，将柳叶搓碎并在葡萄酒中熬煮调制而成的饮品是消除淫欲的神药。由此看来，古典神话中月亮与贞洁女神狄安娜的联系似乎影响了这种树的意涵（所有描写失意情郎的悲伤爱情歌谣或许都源于此）。在《德伯家的苔丝》中，加入五月舞会的乡村姑娘们穿着深浅不一的白衣，手里拿着剥去树皮的柳枝手杖，以此彰显她们处女的身份。

柳树对月亮的忠诚让它成了疯子、情人和诗人的树。当华兹华斯回顾他的青春岁月以追踪自己诗意性情的成长时，这场独自一人穿过月光湖面的重要旅程始于他偷走的一艘小划艇，它系在"一棵柳树上……在一个岩洞内"。当希尼回忆起自己在位于莫斯浜家庭农场的树里找到的所有秘密巢穴时，他最喜欢中空的老柳树，穿过它们的喉咙会爬进"另一种生活"。一旦钻进树里，他回忆道，"如果你将前额抵在粗糙的木髓上，你会感受到柔韧、低语的柳树树冠在头顶的天空中晃动"。

柳树是灵感之树，这也许是关于它最不令人惊讶的一点。柳树矗立在流水旁，用它的树枝演奏天然乐曲为水流声伴奏。当露珠落在柳叶上，树液从树枝悄无声息地滴入下面的水流中，这两种声音的界限似乎在消解。坐在垂柳下的一艘小船里，就像是置身于喷泉之中，看着绿色的水帘落入更为碧绿的河水。没有边缘，没有分界线。当法国画家克劳德·莫奈试图实现不受水平面和地平线限制的"无尽整体"这一理想时，他一次又一次地走入他位于吉维尼的花园里的池塘。在水面上铺满睡莲，在池边环绕垂柳，他仿佛是用植物作画。当他不再设计、种植时，就描绘自己的池塘。在他笔下，水面和景物的边界都溶解消散了，重瓣的睡莲漂浮在柳树的倒影上，柳叶显得水波纹清晰可见。这种树适应得很快，可以被看作水、天空或大地。在如此快速的变化中，柳树的低语萦绕在耳畔，可就连最专心的听者也永远无法听清它们在说什么。

欧山楂

　　羽毛般轻盈的叶片和云雾般的花朵赋予了欧山楂温柔的外表，但隐藏在宜人的绿白衣裳下的，是长达一寸、足以撕裂皮肉的尖刺。没有多少手套能完全抵御这些刺，而且就连树苗都竖起小小的利剑。并不是说这些树正在攻击，它们只是在照顾自己。在一年当中最萧条的几个月里，当其他憔悴的树木形销骨立，被冰冷的寒风吹得歪歪斜斜时，欧山楂那纷乱纠缠、纵横交错的树枝仍然为饿得半死的鸟儿和野生动物提供了一处天堂。再过一段时间，欧山楂（又称"五月花树"）就是鸣禽筑巢的绝佳地点，虽然它们难以抑制的叫声一定会引来关注，但是鸟巢周围多刺的栅栏会将大部分捕食者赶走。约翰·克莱尔喜欢观看画眉"在一丛浓密舒展的欧山楂树中"轻轻拍打它们内衬黏土的摇篮，因为他知道那是闪闪发亮的天蓝色鸟蛋最安全的地方。欧山楂树为藏在其中的任何东西提供天然保护，但它特殊的防御也容易招来报复。千百年来人工坚决干预的结果让人怀疑，它是否真的是一种乔木。

　　如果任其自由生长，一棵欧山楂会长成树形优雅、拥有圆形树冠、枝条修长的乔木，高度可达 30 英尺或更高，也有可能继续蜷伏着，像是树木中的刺猬，尖刺根根竖起，并根据季节变化呈现出不同的颜色。在多风的地方，欧山楂会以夸张的角度保持平衡，在许多年与大风的对抗中，树冠呈流线型朝一侧伸展，呈现出引人注目的剪影。然而这种自然之美引不起农民的兴趣，他们只从这种树天然的茂盛和浓密的刺中看到了一种理想的树篱材料。

　　在木材还是土地上利润最高的产品的时代，欧山楂本身几乎不被

●欧山楂，摘自约翰·伊夫林的《森林志》

认为是一种树，只是卑微地守护更高、更有价值的树种。[hawthorn
这个名字来自 *haga*，古英语 haw（山楂果）与德语 *hecg/hegge-*
hedge（树篱）拥有相同的词根。thorn 意为刺或带刺的树。] 在
伊夫林的《森林志》中，欧山楂又称"Quick-set"（意为"迅速树
立"），在关于篱笆的一章被简要介绍，主要关注的是如何快速种下
树苗这种实用问题。这本书后来的版本的确展示了一张美丽的全页
插图，是一枝盛开的欧山楂，仿佛是在质疑伊夫林对它的轻蔑态度，
但是在他看来，欧山楂的主要用途就是保护材用树种。特别是橡树，
年幼时容易受到伤害，因为牲畜、鹿和兔子都抵挡不住橡树幼苗新
鲜、脆爽的叶片诱惑。面对这些持续不断的入侵，人们的应对办法
就是在用材林四周环绕无法穿越的浓密欧山楂。

　　诚然，一棵欧山楂幼苗看上去并不像一道障碍。这些树在年幼时相当丑陋，往往像是一大把细长的瓶刷，而不是正在成形的恰当的绿篱。它们的确向外伸展着自己的枝条，手脚舒展得像"维特鲁威人"，但总是会有一根散乱的枝条，显得非常不匀称。要将这些笨拙难看的幼苗改造成一道强大、严整的防御，需要技艺高超的树篱匠人，这些人又砍又编，直到将它们制伏。只有经过这样野蛮残忍的仪式，欧山楂才能变成一道过得去的，或者应该说过不去的树篱。

每一年，全国树篱锦标赛都为全国各地的树篱匠人们提供了会聚一堂展示技艺的机会，他们代表地区参赛，争取成为最后的冠军。几小时之内，蓬乱不整的树就被改造成了你能想象到的最整齐的、有生命的篱笆。这不是一种古雅或安静的消遣。现代树篱匠人在开始工作时，怀着古代英雄前去与蛇发女妖战斗时的决心，但即便是最令人惧怕、拥有无数头颅的绿色怪物，也会很快屈服于电锯的威力。当然，竞赛者们不是在屠杀欧山楂，而是在驯服它们，通过切伤树干靠近地面的地方，欧山楂树就可以被压低而不会完全断掉。随着每一棵欧山楂倒在它最近的邻居身上，一层倾斜的坚固屏障形成了，被称为"pleacher"。砍掉欧山楂的树冠听上去是更简单的做法，但是这样会破坏树篱的主要功能。因为砍掉树冠会在下面留出一个接一个的空隙，形状就像牙科 X 光片一样，下面全都是绵羊和兔子能够自由出入的隧道。

根据地区材料、农业活动和地形地势，不列颠群岛上用不同种类的树篱打造出不同的风格。在德文郡和多塞特郡，树篱通常设在河岸以保护绵羊的安全，但是在英格兰中部地区，它们必须坚固得足以避免牛群无意间的毁坏，这意味着要使用名为"中部地区犍牛"的方法。这是一套精心制作的立桩结构，将木桩钉在欧山楂树干旁边，然后用棕褐色的黏合剂固定并将它们编织到一起，以得到最强的支撑力。在威尔士边境，木桩的角度是倾斜的，欧山楂新鲜的茎与砍下来的枯枝叠在一起，阻止饥饿的绵羊偷吃嫩茎。所有这些方法都很费工，但是花在编织树篱上的时间是明智的投资，因为精心编排的树篱可以维持 50 年，每年进行最低程度的修剪就能让它保持整洁。

田野上的这些屏障常常是邻近农场运营状况是否良好的迹象。一道边界树篱如果一侧修剪得整齐光滑，而另一侧无人打理像皱巴巴的床头时，就如同莫西干人的头发。树篱可以厚实整齐，也可以像狂野的枝条四处游走。在地平线上，一道欧山楂树篱看上去可能像一根巨大、连续的输油管线，或者一行相当混乱的绿色墨水斑点。对于分隔土地，现代农民有更快捷的方法，但是铁丝网和电围栏都不能阻止水土流失，也不能在冬天为绵羊提供庇护，更不能在炎热的夏天为牛群提供阴凉。与铁丝网不同，欧山楂还是很好的薪柴来源，它那坚硬的圆木喷出最炽热的火焰，并发出一种怪异的淡紫色光。而编织树篱剩下的残枝败叶是很好的引火材料。由于篱墙是无数鸟类、昆虫和小型哺乳动物的家园，所以竖起一道树篱的农民也是整个生物群落的建立者，尽管他总是习惯性地扰动树篱，让它的臣民们感到恐惧。

由于欧山楂木坚硬且数量丰富，它在传统上用于制作锤子、手杖、匕首刀柄和水车齿轮，就连树根也会被雕刻成梳子。枝上的刺可以作为天然鱼钩、针、别针、吃螺用的签子，甚至还能临时充当黑胶唱片的唱针。一根长满刺的树枝能够防止猫和鸽子将平整的窗台当作降落地点。纹理细腻的美丽玫瑰色欧山楂木可以抛光制成闪闪发光的盒子或烛台，或者做成漂亮的装饰面板。标志性的山楂果也有实用好处，将果肉制成果浆并过滤，可以做出酸爽的果子冻，或者用白兰地浸泡制成高度利口酒。作为补药服用，它们可以增加流向心脏的血液量，有助于治疗冠心病和心律不齐，可能降低胆固醇水平。有一些证据表明，山楂果还能对付疟疾和绦虫。

成千上万的欧山楂树为人们服务。没有任何树像它们那样改变了英国的全貌。"英式乡村"意味着连绵的山丘、金色的教堂尖顶，

●布雷恩烹饪书的护封插图，1935 年

以及用树篱和大树分割的五彩斑斓的田野。无论是在赫里福德郡的乡村小路上驾车，低空飞过约克郡丘陵，还是观看科茨沃尔德的卫星图像，都能立刻辨认出那抚慰人心的乡村拼接图案。但如今让我们感到惊奇的是，英国的自然风景实际上是更古老的农业活动的重写本。从最早的森林清理空地到最近的统建住宅区，这片土地根据人类的需求被塑造，而在熟悉的风景之下，隐藏的是无形的土地拥有权变迁史。

在中世纪，村庄周围是大片大片开阔的田野，分割成长条状供当地人耕种，但是随着土地流转和农业技术改良，英国经历了全面重建。高产的现代庄园追求几何般增长的效率，过去杂乱无章的图案被遗弃，由于新土地需要清晰的界线，圈地时代成了欧山楂的时代。19 世纪后期，一英里又一英里的欧山楂被种成长长的线，围成棱角分明的正方形和长方形，将数百万英亩的开阔土地圈起来。在不到一个世纪的时间里，英国乡村旧貌换新颜，并在无数的绘画、木刻版画和照片中得到可爱的描绘，逐渐从新事物变成怀旧之物。

215

《壳牌系列旅行指南》、铁路海报和巴茨福德出版社的书都将证实，除了高地地区，英国是，而且一直是树篱成行之国。

欧山楂仍然代表着英国大部分地区的常见特征，这就是拔除树篱会让当地居民感到如此震惊的原因。这种行为带来的不安感比遇见一个剃光自己胡子的老朋友大得多，如果硬要比的话，更像是这位老朋友因为化疗而损失了胡子，史无前例的脆弱性突然暴露在你的眼前。在 20 世纪 60 年代和 70 年代，这种震惊来得又快又频繁，因为作物产量和机械化程度的提高意味着，在最高产的可耕种地区，很多树篱都被毁掉以形成大片的田野，供现代犁地机械和联合收割机使用。随即而来的是堆积成山的谷物和欧洲经济共同体的协定，整片田野被用于集约化农业生产，它们的树篱被留下来任意损耗。欧山楂根本不是英国风景永远不变的特征，它的历史正如它界定的风景一样曲折多变。

虽然产量不高的田野令人沮丧，但我必须承认，我为那些终于从多年树篱生涯中解放出来，如今重申其树木身份的欧山楂感到高兴。当树枝向四面八方舒展，你几乎能感觉到那种释放。无人照料并与一条废弃小道平行的树篱，会向外伸展枝条，触碰到彼此的枝条，形成一个拱门。当它们披上春天的叶片，整条小道就会被改造成一条洒满绿光的隧道，一个静谧安详的秘密世界，可能会有一头幼鹿驻足凝视，然后穿过一面不再严密的绿墙，消失不见。多年的屈服仍然让年老的欧山楂弯曲变形，但它们一束束伸展出来的树干上长着年轻的细长枝条，并没有被人类扭曲。光透过这些更有野性的欧山楂，照射着成片的新鲜草地或是一把多年前被丢弃的生锈铁耙。在这条被遗忘的小道与维护良好、两侧立着树篱的大路相交的地方，可能会有一株金银花或者一个空的酸奶罐，一丛峨参或者一块聚苯乙烯托盘的碎片。

欧山楂藏匿着各种不太可能的东西。欧山楂树下埋着成罐金子的古老故事数不胜数，大概是因为小偷不大可能无意中发现由这种天然守卫者看护的秘密地下仓库。例如，布拉克内尔附近的山楂树岭，这个地名据说是为了纪念一位当地居民的幸运发现。他梦见自己将会在伦敦发财后，便启程前往那座城市寻找财富。抵达后，他遇见了一个陌生人，陌生人先是讲述了他自己的梦，他梦见自己在一棵欧山楂树下发现了一罐金子，然后嘲笑了对梦境信以为真的滑稽想法。这位布拉克内尔人回到家里，决定在山丘上的欧山楂树下挖掘一番。果然，他在那里发现了宝藏。

欧山楂树有很多神秘故事，但它最大的宝藏是在1485年的博斯沃思菲尔德之战中。当时英格兰王冠被发现悬挂在一棵欧山楂树带钩的树枝上。它是如何挂上去的或者它到底有没有挂上去，至今仍众说纷纭，因为虽然理查三世王冠的发现以及亨利·都铎在战场上的即位都被记录在当时的编年史中，但这棵树并没有。获胜的亨利七世很快就将欧山楂融入自己新的家族纹章中，上面描绘了悬在一棵欧山楂树上方的王冠，这个传说就来源于此。当这场战斗在8月22日发生时，当地欧山楂很可能挂满了鲜艳的山楂果，尤其是公历的引入稍微改变了我们对季节的感知。

无论1485年的气候如何，风格化的欧山楂树形象都是令人难忘的胜利象征。欧山楂树拥有长满尖刺、缀满血红果实的枝条，是名副其实的战场之树。亨利对王位的渴求并不是那么强烈，在他看来，欧山楂自然是为了鼓励对新秩序持开放心态，因为它在一年的生长周期中，用自身白色的花和红色的浆果结合了约克和兰开斯特两大军事家族的颜色，这种耐寒的本土树种显然提供了非常可靠的砧木，用于嫁接同时取代这两大家族的王朝。王冠悬在荆棘上的设计利用了"荆棘王冠"这一强有力的象征，强调了君主的神圣性并许诺一个更好的新政权。欧山楂多刺的名声还提醒英国人，这位新国王已做好了在各路豪杰面前保卫自己王权的准备。

欧山楂树不同寻常的自然习性强化了这种树与耶稣受难的联系。它在春天会突然盛开白花，每一年都像是大团大团的面粉被一个特别不小心的厨子撒在了枝条上似的。几乎是一夜之间，欧山楂从春天浓密的绿色变成了厚重的白色。五月花树宣告春天的到来，特意裹上雪白的衣裳，仿佛是在嘲笑冬天的退却。在1943年的愁云惨雾中，斯坦利·斯宾塞在他的画《沼泽草地》中，用每年复苏的万物表达了自己的信念，画中的三棵欧山楂闪耀着白光，点亮了库克姆的一片田野。这种树在某些地区被称为"Awe Thorn"（令人敬畏的荆棘）而不是"hawthorn"，并不只是因为当地口音。

对于每年捕捉约克郡风景变化的大卫·霍克尼而言，欧山楂树的突然开花意味着"行动的一周"。2012年，他在英国皇家艺术学院举办具有划时代意义的展览，整个房间都是这些令人不安的、仿佛挂满奶油冻的树木的巨幅画作。在《罗马路上的五月花》这件作品中，欧山楂的外表华丽又怪异，它们奶油色的花序像巨大的毛毛虫，甚至是在一具庞大绿色尸体上爬动的蛆虫。然而，大量令人意想不到的色彩传递出万物焕发生机时猛然的兴奋之情，冲散了冬天的寡淡。霍克尼的这幅庆祝画放大了路边的存在，释放出欧山楂的古老力量，让这种常见的树变得可爱一千倍，也比任何人能够猜到的危险一千倍。

欧山楂的神秘力量有一部分来自它的不可预测性。在2013年那个不友好的春天，经过一个漫长得无休止的冬季之后，欧山楂直到6月初才屈尊点亮了白金汉郡的乡村田野。自然历法完全取决于气候，所以彭赞斯的五月花可能在4月就急匆匆地开了，而在阿伯丁可能要等到仲夏的早晨。无论何时出现，这些花都因为它们的不可预测性更让人关注。欧山楂的变化无常总是导致混乱，这一点在《仲夏夜之梦》中忒修斯公爵和希波吕忒女王进入森林进行五月仪式时体现得很明显。

对"五月"花的惊喜程度显现出古老的格拉斯顿伯里山楂会引发怎样的崇敬之情，它每年都会在圣诞节和春天开两次花。亚利马太人约瑟在耶稣受难后离开耶路撒冷，一路旅行至英国，最终来到西南部各郡。当他将自己的拐杖戳在格拉斯顿伯里的韦利沃山上时，它变成了一棵欧山楂树。千百年来，这棵神圣的欧山楂都会在圣诞期间和圣周（复活节前一周）各开一次花，仿佛是某种可靠神迹的体现，将这种树的花期与修道院教堂的年历调整一致。英国内战期间，一位忠于克伦威尔新清教徒理想的士兵，对任何沾染迷信的偶像崇拜气息的东西都无法容忍，于是对着格拉斯顿伯里山楂举起了斧子。由于残留的树桩仍然长出了一些小枝，人们悄悄取下一根插条，将它重新种了下去，于是这株欧山楂再次生长，展示了它永恒的生命力。每年圣诞节，一根带花的欧山楂树枝会被献给女王。这个传统持续到 2010 年就戛然而止了，因为这棵古老的欧山楂又被砍掉了头，这次用的是电锯。从那以后，用原来那棵树培育出的新树一再被种植，又一再被蓄意毁坏。针对格拉斯顿伯里山楂的战斗经常登上新闻，这又会反过来导致后续事件的发生。

　　这座古老的修道院是基督教遗址，而这棵古老欧山楂在耶稣诞辰和复活期间开花的习性与教会的年历完全契合。之所以拥有这种神奇的特征，是因为它属于一种特殊的欧山楂——"双花"单子山楂，这个品种拥有冬季和春季两个花期，这一习性可能来自早期嫁接。格拉斯顿伯里也是异教信仰者的圣地，与自然宗教和古老的季节循环有关。在白天最短的月份，突然而至的鲜花和芳香以及由此而来的喜悦，自然会让那些见证这意外之喜的人感到敬畏。对这棵欧山楂的反复攻击让基督教会和异教信仰的成员们都很不安，但这棵树是否真的如媒体有时暗示的那样，是两方更有暴力倾向人员的受害者，目前尚不清楚。摧毁任何古代遗址或自然美景的冲动都很难理解，也许是可怜的开花的欧山楂因为自己过剩的意义遭了殃。

它激起了模糊但深刻的不公、嫉妒或恐惧，最终以攻击的形式爆发出来。

格拉斯顿伯里山楂至今仍在激起的强烈情绪，令人想起更古老的、不成文的传说。无论是过去还是现在，人们都认为将欧山楂花带进家里是愚蠢到极点的事。尽管非常美丽，但是开花的欧山楂会给这家人带来厄运甚至死亡。欧山楂的花闻起来像腐烂的尸体和大瘟疫（这种特殊的气味如今已经鉴定出主要成分是三甲胺，一种腐败人体也会产生的化学物质），难怪没有人选择用它来插花。理查德·梅比说这种树的白花闻上去是性的气味，这也许就是为什么不是所有人都想让它在空中盛开。然而，除了糟糕的气味，还有别的东西导致了人们对五月花的普遍恐惧。将欧山楂赶出室内的欲望也许和树篱匠人将它压低的欲望没有什么不同。

欧山楂树可以存活成百上千年，在悠悠岁月中积累无数故事和迷信。在诺福克郡怀门德姆附近的海瑟尔教堂墓园中，这个国家最古老的欧山楂树之一从13世纪就一直矗立在这里。这棵古代欧山楂树拥有如此老迈的分枝，中空都能放进一个成年男子的手臂。根据19世纪初造访过这个教区的詹姆斯·格里戈尔，以及后来研究英国最古老欧山楂树的沃恩·科尼什的说法，这棵树被称为"海瑟尔的女巫"。然而，这棵奇怪的诺福克郡欧山楂树还被称为亚利马太人约瑟又一件传世之宝。当地传说往往保留了属于自己的真相，但并不总是历史事实最可靠的来源。约瑟拐杖的故事再三出现，这揭示出了教会是如何通过早期讲故事鼓励改变信仰的。神圣欧山楂树的故事很可能标记出了对前基督教文化而言意义重大的地点，而且这些地点继续吸引着那些精神世界扎根于大自然的人。

在爱尔兰歌谣《山楂仙子》中，那棵古老的欧山楂树散发出一种令人胆寒的力量，它粗糙而多瘤，会迷惑住围绕它跳舞的女孩，让仙子们趁机抓走其中的某一个，那些仙子比西塞莉·玛丽·巴克

（Cicely Mary Barker）笔下漂亮的"花仙子"陌生得多，也可怕得多。对这些仙子的尊敬意味着，爱尔兰的高尔夫球场，例如奥缪那座，总是会将老欧山楂树留在原地。爱尔兰的道路建设者对于砍倒这些危险的树非常谨慎。更安全的选择是让路线绕过去，这也是安特里姆和巴利米纳之间的高速公路有一条岔道位置显得有些古怪的原因。爱尔兰最有名的欧山楂树位于西部的恩尼斯附近，标记着芒斯特仙子的传统集合地点。戈尔韦和利默里克之间新高速公路的建设已经耽搁了至少十年，因为当地规划者总是在争论如何避免拔除这棵古老的欧山楂树。最终有一条新路线获得了一致赞同，而且所有人达成在这棵欧山楂树5英里（约8千米）之内不应该有任何车流的共识，这让它成了自己保护区里最醒目的存在。

　　传统上对这些树的怀疑情绪为华兹华斯令人不安的诗作《山楂树》带去了灵感。一棵老迈的欧山楂树，简直只有"满身的疙疙瘩瘩"，被诗人形容为"孤苦伶仃，凄苦非常"，但它绝对没有引起怜悯之情，而是散发出一种十分险恶的气息。这首诗的灵感来自生长在昆托克斯一座山脊上的一株发育不良的欧山楂树，但是在华兹华斯的叙事诗中，这个不起眼的特征充满了引人入胜的神秘感。絮叨的叙述者伸出一根手指谴责独自坐在这棵欧山楂旁、穿着红色斗篷的女子玛莎·蕾，叫道："哦，不幸！哦，不幸！"然而这首诗表达出一种更强大的力量感，集中在欧山楂树下长满青苔的土堆的鲜艳色彩上：

　　　　那里有曾经被人见到过的所有色彩，
　　　　还有密密麻麻的苔藓，
　　　　仿佛是姑娘的巧手
　　　　织出这样华美的锦绣，
　　　　还有杯子，还有眼中的爱人，
　　　　它们的朱砂染料是那样地深。

哦，天啊！这些色彩是多么可爱！

有橄榄绿，有鲜艳的红，

在刺里，在树枝里，在星星里，

绿色、红色和珍珠白。

这个长满青苔的土堆，

如你所见就在这棵欧山楂旁边，

拥有如此新鲜的缤纷色彩，

大小就像一个婴儿的坟墓，

也许就是一个婴儿的坟墓。

这个奇怪的土堆和婴儿的坟墓一样大，却闪耀着欧山楂繁茂的色泽，然而它上方那棵发育不良的树如此老迈、晦暗，连一片叶子也没有。虽然迷信的叙述者认定玛莎是杀死自己孩子的嫌疑人，华兹华斯却在自己的诗里倾注了对这棵欧山楂黑暗力量的原始恐惧。无论他的山楂树下面埋着什么宝贝，都没有人想要一探究竟。

　　欧山楂是古老本土神话中的白色女神之树，诱人、魅惑，但很可能致命。五月花树上乳白色的花如此柔软、如此吸引人，却又如此令人生厌、令人为之疯狂。尽管与鲜血、战斗和路障联系密切，但关于这棵欧山楂的真正恐惧，是隐藏在这种令人生畏的树中的某种可怕的女性力量，或者是在它的自然之美面前感到深受威胁的那些人的心灵。任何程度的编织和绑扎都无法让五月花树屈服。

　　凯尔特人的古老节日——五月节在 5 月初举办，以标记季节变迁并迎接太阳。五月花灌丛上会悬挂鲜艳的贝壳、缎带和鲜花以供奉女妖精，她们是反复无常、有点恶毒的超自然生物，穿过仙子土丘，穿梭于她们的世界和我们的世界。不清楚这种树是能够提供保护还是安抚人心，但这些多刺的枝条总有一种要倒霉的感觉。那句谚语式警告"五月婚礼，追悔莫及"令人惊讶地广泛流传，尽管这个月和这种树如此艳丽可爱。国际通行的呼救信号虽然源自法语"*m'aidez*"（意为"立即请求帮助"），但被迅速英语化为"mayday, mayday"（本义为"五月节"），这也很能说明问题。人们举行清白的庆祝活动，是为了共同调节这个季节的激情。一年一度的五月节仪式延续了很久，也产生了很多关于五月花树和过节的想法。5月的第一天始于清晨歌唱、鲜花游行和五月早餐，将这个节日变成有益身心的家庭活动。又长又鲜艳的丝带固定在高高的五月节花柱上，孩子们学习怎样用跳进跳出、跳前跳后的舞蹈将这些丝带变成复杂多彩的图案，直到花柱像一个巨大的纸杯蛋糕。欧山楂在这场庆典中扮演重要角色，装饰五月皇后和五月房子，但是这些高大的杆子开着气味奇怪的白色花朵，仍然暗示着野性的力量。

人们继续感受着五月花树的残余能量，就连现代化城市也仍然保留着那个更古老的、没有完全消失的世界的痕迹。从前有一段时间，人们根据教区最古老的欧山楂树的位置安排集会，这些古老的地标树木留下了永久性的遗产。伦敦有几十条街道的名字来自已经消失的欧山楂，比如桑恩街、桑顿路、桑希尔。在布里斯托尔大学，每天都有学生和教职员工聚集在那个名为"欧山楂"的酒吧，尽管那里再也看不到一棵欧山楂树。西布罗姆维奇足球俱乐部的球迷也经常前往"欧山楂"球场，因为他们的主场建造在一片曾经的欧山楂田野上。这家俱乐部独特的徽章图案是一只画眉落在一簇欧山楂树叶上。当黑尔普斯顿附近的那株著名的老欧山楂"兰利灌丛"被毁时，约翰·克莱尔依依不舍地写下了吉卜赛人和牧羊人口中关于它的故事，但他也知道，"对它的记忆将许久不被遗忘"。即使一棵老欧山楂被彻底拔除，某种东西似乎仍然残存在它曾矗立的地方，久久不离去。

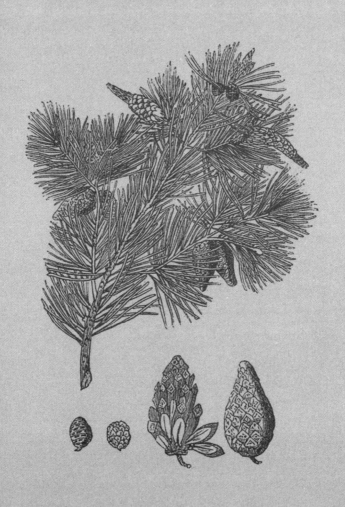

松树

我们家的大多数家具都有名字，抽屉柜名叫"紫罗兰"，因为它厚厚的，有一层泛着紫色光泽的涂料。当我的母亲在本地一家旧货商店搜寻宝物时，这种涂料一下子吸引了她的目光。在20世纪70年代漫长而炎热的夏天，所有东西的表面都开始融化，人们也开始脱掉衣服。我的母亲不是裸奔潮中的新成员，不会像他们那样在公园里奔跑或者从板球比赛的三柱门上跳过去，但她是家具新潮流的先锋。当家里的旧抽屉柜进行酸浴之后，我们都很惊讶地发现它露出了美丽的木纹，干净、赤裸，闪着金棕色的光。是时候给它取个新名字了。

随着亲近自然的新生活理念开始流行，对赤裸松木的需求也开始增加。自给自足意味着去除不必要的城市生活痕迹，以恢复必要的自然状态。桌子、梳妆台、书架、餐具架、床架、衣柜、灯台、毛巾架甚至牙刷架，几乎没有什么东西是不能用松木做的。20世纪70年代向天然材料的回归，是在反抗充斥着聚乙烯、塑料和聚酯的现代生活。如果人造材料和高楼大厦彰显着现代化，那么此时绝对是松木的时代。即便是最局促的市中心公寓，也仍然可以拥有自己的乡村厨房。每个人都想要真实的东西，与其使用油毡或者仿木塑料硬贴面，倒不如用上一代人高高兴兴换掉的老式洗衣机和圆头钉作为装饰元素，这些旧物如今重新流行起来。新的家具店四处开花，以实现人们使用裸露的、斯堪的纳维亚风格家具的梦想。

10年或者20年后，当某些闪闪发亮的松木家具开始看上去像是一个过度痴迷晒黑皮肤的人时，就该选择更高级的打蜡了，或者再次掩盖。那些将裸木书架恢复成白垩色或鸭蛋色的有品位的人，仍然要感谢松树，因为乳胶漆中的油和用来清洗使用了一整天的刷子的松节油，都是从这种用途广泛到令人惊讶的树中提取的。

松树是英国最古老的本土树种。大约 10000 年前，随着冰川在冰期过后消退，松树向北穿过英格兰和威尔士，在苏格兰牢牢站稳脚跟，就像它从斯堪的纳维亚半岛一直扩散到最北边的西伯利亚一样。松树有 100 多个品种，但是定居在英国最古老的树种是欧洲赤松，英文名"Scots pine"（苏格兰松）倒是十分贴切，它们在苏格兰高地的多岩石地貌和薄薄的酸性土壤中茂盛生长。这种树惊人的美，让它成为每一座典型的维多利亚庄园都渴望拥有的景致，这些庄园忽然之间都觉得自己应该有一座专属的松树园。由于这种松树硕大的球果很容易结籽，野生树苗很快便在周边四处萌生，被英国境内的所有人熟知。你常常可以在一座英格兰的市政公园或是一座古老的教区牧师住宅区的花园里看到一大群苏格兰松，它们像扫烟囱工人的刷子一样高高地耸立在较矮的伴生树上方，仿佛因为伸向天空而受到了一点惊吓。有时，你会在乡间的道路旁碰见它们，那桃红色的斑驳树干高高地挺立着，像一群巨大的火烈鸟披着羽毛斗篷。

观赏苏格兰松的最佳地点是它们的故土，这些树高大挺拔地俯视着空荡荡的湖泊，树枝高悬在岩石上空笔直地伸展着，形成幽暗的丛生状树冠。无论是庄严地独自矗立在苏格兰高地一面赤裸裸的峭壁上，还是在林木葱茏的峡谷中，这种松树都让人类相形见绌，是一种居高临下的存在。在加洛韦森林风平浪静的一天，湖畔的松树仿佛要探到水面上，而它的倒影似乎比远处的山还长。这种树显然是苏格兰"国树"强有力的竞争者。而在 2013 年的最后一个月，也是苏格兰独立运动热情日渐高涨的时候，林业委员会对苏格兰人喜欢的树木进行了一次大规模的调查。苏格兰松获得了 52% 的支持率，让它远远超出位列第二和第三的对手，它们分别是花楸树和冬青树。对苏格兰松而言，这样的排名当然一点也不意外。爱国热情还让"女士树"（那棵生长在邓凯尔德的优雅苏格兰松）因为向鱼鹰提供了安全的筑巢地而声名大噪，在2014年苏格兰之树年度评选中以微弱的优势击败了另一位出色的竞争者。

然而在英国的其他地区，松树在很久很久以前就是不可缺少的一部分。发生在2014年前几个月的巨大风暴，让英国海岸变得支离破碎、面目全非。最惊人的变化之一，是卡迪根湾中位于博斯附近的古代沉没森林重现。当巨大的海潮开始退却，一段绵延的海滩从水中露出，充满了奇怪的东西，它们呈现出深色且有棱有角，乍看上去像鱼鳍。渐渐地，它们更像是一大批从泥里慢慢露出来的幽灵般的战马和盔甲，刚刚从千百年的沉睡中苏醒过来。其实，这是史前森林的遗迹，曾经覆盖着现在的威尔士西部。这些东西是古代橡树和松树的树桩，已经在泥炭中保存了数千年。在古老的故事里，沉没森林 Caintref Gwaelod 是因古代威尔士皇室的疏忽而沉入水中，如今却突然从神话变成了历史。

古老的传说呈现出如此具体的形态，虽然这种事在21世纪的英国非常罕见，但森林早就深深根植在我们的想象中，助长着深不可测的恐惧。广袤的松林出现在许多童话故事中，通常是未知危险所在的地方，进去虽然容易，但似乎难以逃脱。直到今天，当年幼的孩子听到《糖果屋》《小红帽》或者《美女与野兽》等故事时，对黑暗森林的警惕意识仍然会灌输到他们的脑海中。即便故事总有快乐的结局，这些常绿森林也会给人留下存在可怕威胁的模糊印象。北欧的大部分地区都流传着关于幽暗森林、钢铁森林和黑森林的古老传说。俄罗斯的松林里既有邪恶女巫雅加婆婆，也有在普罗科菲耶夫的寓言中吃掉彼得的鸭子的狼。女巫、男巫和狼全都在黑暗的森林里施展他们的威力，但松树让森林尤其危险，因为在它们幽深的树冠之下，树干诱人地分开，让阳光照射下的空地和林中小屋无处遁形。

●小红帽

　　森林是熊和狼的自然栖息地。在加拿大艾伯塔省的温带山林和
俄罗斯的北方针叶林中，都有棕熊出没。它们在那里生活、捕猎、
繁殖后代，将高高的松树布满沟壑的树干当成蹭痒痒的棍子。狼可
以很好地适应多种不同的生存环境，但由于会遭到人类的捕杀，它

们只好撤退到最适合躲藏的地方——树林繁茂的偏远山脉。可即便是在最深的森林中，狼也难逃被消灭的命运，这种曾经让当地农民充满恐惧的动物因此成了被怜悯的对象。如今，少数欧洲国家已经将狼列为受保护动物了。（把狼或熊重新引入它们原有活动范围的计划仍然遭到反对，因为令人难忘的焦虑会随之而来。）据说，英国最后一只狼在苏格兰的松林里游荡，最终在18世纪被杀死。这个物种由此从可怕的捕食者变成了传说中的野兽。

苏格兰松曾经覆盖着高地地区的大片土地，尽管传说中的喀里多尼亚森林也许并没有人们想象的那么广大。如今在阿弗里克河谷、兰诺赫湖、斯佩赛德或马里湖，仍然有一些留存至今的古松林。这些原始森林的遗迹从冰期过后就几乎没有变化，为一些最珍稀的本土动物提供了庇护所，例如红松鼠、松貂和苏格兰交喙鸟。完全不受人类染指的地方，这一概念吸引了很多人，但对它的想象本身就意味着至少有一名人类观察者存在。"回归自然"只是一种迷梦，所追求的东西并没有那么真实，却对人们产生了持久的吸引力。在这座人口密集的群岛上，不可能存在绝对的与世隔绝，但群居在现代城市中的人可以通过畅想北方的古老松林，尽可能地接近史前英国的原始风貌。

在那些能够捕捉松树之美的幸运者心中，满是深深的仰慕之情。作为17世纪伟大的树木观察家，约翰·伊夫林惊讶于苏格兰一些古老的松树如此偏远，他觉得这些树一定是上帝种下的，并被赐予某种他还不能理解的"祝福"。当环保先锋约翰·缪尔首次独自一人在加利福尼亚的群山中旅行时，与壮丽的兰伯氏松的初次相遇让他心动，这种松树"在阳光中安静且若有所思，在风暴中机警地舞动着，每一根松针都在颤抖"。这些头顶落满白雪的巨人高达250英尺，连同它们粗犷的同伴杰弗里松，被缪尔誉为"植物界的神"。缪尔出生在苏格兰，在儿时移民到美国后，他毕生致力于探索并歌颂这个国家里超凡绝伦的自然现象。他发现广阔的美国国土到处都是上帝意志的存在，他将自己置身于雄伟山脉上森林密布的广阔陡坡中，倾听了"松树的布道"，记下"群山的信息"。而已经在加利福尼亚生活了千百年的艾可玛维人对兰伯氏松怀着同样的崇敬，他们认为这种松树的种子代表了人类的起源，是从造物主的手中掉落的。

19 世纪 60 年代，缪尔首次造访约塞米蒂时，那里还是一片未受污染的荒野。但是到 19 世纪末时，他开始为绵羊畜牧业立法，以及伐木业带来的破坏力而哀叹，并四处奔走，争取设立国家公园以保护该地区的自然之美。随着缪尔逐渐意识到在美国北部大西洋沿岸发生的事情，他更对庞大的兰伯氏松林的存在感到敬畏。短短几十年内，那里庞大的北美乔松林几乎消失殆尽。这些树是易洛魁人的圣树，代表着独一无二的本土景象。然而，它们在 19 世纪无情的斧头和锯木厂面前倒下了，成了国际海军冲突和铁路时代的牺牲品。

松木是一种非常有价值的商品。当缪尔在感受山中森林的庄严时，来自蒙特雷半岛的加州松树已经被装船运往新西兰，准备种植在英国的这片新殖民地上了。内华达山脉上的兰伯氏松灿烂夺目、十分雄伟，却又是脆弱不堪的。松树既是未受污染的伊甸园象征，也是最吸引商人的东西。这种树只需待在原地，就会带来天堂的毁灭。国家公园运动最终将约塞米蒂从商业伐木公司手中救了下来，但即使被指定为自然保护区，它的美还是名声在外，成千上万的游客争相前来观赏这片不曾被人类染指的风景。

在苏格兰幸存的几片原始林出现了规模较小却出奇相似的讽刺性现象。如今虽然受到木材商的保护，但这些古老的高山松树吸引了另一种关注。随着更多心怀敬仰的游客纷至沓来，这片脆弱的栖息地面临的风险也与日俱增，他们可能会将其中羞怯、胆小的动物赶进更深的林子里。加深对古老森林的认识也许有助于保护它们的生存，但这也会促使旅行社和开发商把生意做到更偏远的地方。然

●约塞米蒂国家公园

而，忽视古松林的价值会让情况更糟糕，正如缪尔见到的绵羊农场开始蚕食加利福尼亚的荒野一样。

　　环保主义者每天都面对两难境地。对于森林而言，虽然放任自流有许多生态上的好处，比如倒下的树是昆虫种群和真菌的家园，还能为树木的再生提供养分，但是对某些物种放任自流，常常会产生一些问题。例如，当鹿生活在没有天然捕食者的森林地区，它们就有可能毁掉太多植被并让自己陷入饥荒。负责任的森林管理是当代的一大挑战，当然，只要得到管理，所谓古代自然林的概念就开始显得有点做作了。在漫长的历史中，人们一直在经营森林，而松树用途广泛意味着松林尤其会受到人类这样或那样的干预。在某种程度上看，自然林是最不自然的生态环境，即使它看上去似乎最有未被玷污的自然之美。

实际上，人类与松树的关系紧密且源远流长，以至于除了"自然"，很难有别的形容词。世界上还在生长的最古老的松树是位于加利福尼亚赤裸、扭曲的刺果松，它们大约已经活了 5000 年，其中最著名的那棵被亲切地称为"玛士撒拉"（《圣经》中一位据说活了969 年的族长）。在位于法国阿尔代什省著名的肖韦岩洞中，全世界最古老的壁画表明，公元前 18 世纪的艺术家在作画时，使用的木炭是由树龄超过 32000 年的松树制成的。可见，人类栽种和砍伐这种树的历史至少有两万年。如此持久的共生关系的确会让人怀疑，所谓的"自然"状态到底是什么。

松树的悖论在于，这种在所有树木中最高大、庄严、优雅和神秘的树，却是人类最常用于制作琐碎杂物的树。它看上去像一匹纯种赛马，其实是森林里的驮马。从凯尔特民间传说到现代林业，松树因为美丽得到的仰慕，总是不如因为实用性得到的多。松树是多重任务的终极执行者，这些又长又直的树干用尽一生提供了大船桅杆、矿井坑柱、电线杆、篱笆桩、椽子和铁轨枕木的原材料。松树幼苗很快就能长成高大、强壮的大树，人们准备着将其砍倒、堆放和运输。

在世界上许多地区，松树是最容易获得的建筑材料，而且似乎是专门为用于人类建筑而生长的。我曾经住在苏格兰高地的一个小木屋里，有点像是住在一个包装板条箱里，因为地板、屋顶和木墙都很相配。尤其是在为了御寒喝了一两杯酒之后，我躺在床上就像是飘浮在天花板上，向下盯着地板。这又是一种亲近自然的尝试，也会引起全球工业的关注。离开这座小木屋之后，我又沿着冰天雪地、人口稀疏的挪威公路朝北极圈行进，除了北极光，这段旅程给我留下同样难忘回忆的是我迎面遇上了许多运输木材的大卡车。

世界上很多大河都曾是巨大的漂浮木筏的通道。威斯康星州和密西西比河沿岸的城市都是围绕河边的木料场和造纸厂发展起来的，这些造纸厂最初靠流水获得动力。松木浆是造纸厂的主要原材料，因为松木柔软易碎，而且价格相对便宜。纸张制造商许多年前就发现，在纸张表面施加松香（一种松树树脂经加热后制成的固体物质）有助于确保最大的光滑度和最弱的吸收性。被提取过树脂的松木燃烧之后，会产生更干燥的灰烬，更适合制成油墨。

松香曾用过的一个英文名是 colophony，因为以前制造质量最好的松香使用的是爱琴海上克勒芬（Colophon）的松树。如今，古典音乐界仍然需要松香。用松香摩擦弦乐器的琴弓，琴弓不容易在琴弦上打滑；将松香涂在芭蕾舞鞋上，能降低发生尴尬意外的概率。小提琴的光泽也来自使用松树制造的清漆，如果有人在聆听西贝柳斯的《小提琴协奏曲》时感觉自己仿佛飞进了芬兰的松树林，那他的感觉相当对，这首曲子和松树的关系比乍听上去紧密得多。松香还可以让口香糖变得光滑，不过这并不是说所有人都会在古典音乐会上用松香涂口香糖。

作为维多利亚时代的一项技术创新，用松香给纸张施胶是人类与松树漫长关系史中一项相对较晚的发现。几乎从人类刚开始建造船只起，他们就开始将沥青涂抹在船只表面，防止水渗进船里。英国水手之所以被称为"杰克焦油"，是因为海军舰艇的绳索和索具经

●威斯康星州的伐木活动，1885 年

常用从松树中提取的焦油进行处理。松树含有丰富的树脂，所以在原木和树根变成木炭的缓慢燃烧过程中，还会产生焦油和沥青，这些气味刺鼻的黑色黏稠胶状物质会在树液被蒸馏时向外渗出。焦油

234

和沥青受热后延展性良好，几乎能够黏附在所有形状和质地的物体表面上，然后干燥凝固。对于造船厂和木桶制造厂来说，它们都是宝贵的资源，也很可能被古埃及人用于木乃伊的防水处理。焦油可以压进粗糙的土路里，这个发现对于早期汽车驾驶员而言意义重大，他们的汽车在柏油碎石路面上开得顺畅多了。不过，松焦油很快就被更结实的石油制品取代了。松焦油通常呈金色，流动性相对较好，至今仍然适用于处理木屋顶、船只和花园家具，还被用来对抗头皮屑，不过这样做有利有弊。北卡罗来纳州利用广阔的森林生产出利润丰厚的松木产品，也因此被称为"焦油脚跟州"，当地棒球队仍在使用这些产品以帮助运动员更好地抓握球棒手柄。焦油还为某些种类的药用皂做出了贡献。大量黏稠的松树脂为胶水、蜡、溶剂和口香糖提供了似乎取之不尽的资源。在松节油、胶带和旅行中，人们也会用到松木。

焦油的黏性还会助纣为虐，比如"涂焦油粘羽毛"，即将液态焦油涂在大家都讨厌的可怜受害者身上，再让他们粘满大量的羽毛。谢默斯·希尼在他的诗《惩罚》中，描述了一具从丹麦泥炭沼泽中发掘出的古代尸体那"焦油般漆黑"的脸，将这个无名女人的悲剧与"北爱问题"期间那些女人的命运联系了起来，她们在现今的贝尔法斯特被爱尔兰共和军施以类似的惩罚。

在《远大前程》中，焦油变得不那么可怕了，狄更斯将焦油水变成了年轻的皮普很不喜欢的药剂。焦油水由焦油稀释而成，是一种传统的万金油式的药，用勺子将它灌进孩子嘴里，可以让他们免于遭受任何病痛。哲学家、博学者、高度原创的思想家、克洛因主教乔治·伯克利宣称，有25个发烧患者在他家里被焦油水治好了，他的畅销著作《关于焦油水优点的哲学探索和思考》逐渐将这种治疗方法推广到了全国。这种曾经启发了伯克利并让年轻的皮普感到恐惧的味道，至今仍被谨慎地用于芬兰甘草糖、啤酒、冰激凌和糖果的制造。

松树有杀菌作用，闻起来提神醒脑，可治疗咽痛和支气管炎。在爱德华七世时代的英国，消费者们被当时的广告催促着购买PEPS，即"治疗咳嗽和感冒的松树气雾剂"，它的代言人正是哈里·劳德（Harry Lauder），所有人都知道他应该好好照顾自己的嗓音。

如今仍然有人将松针浸泡在洗澡水里，以缓解风湿疼痛。把松针装进有空隙的小包里带在身上也是个好主意，以免到了某个没有松针的地方。这是一种拥有迷人浓香的树，难怪沐浴油会有新鲜松树的气味，这是人们对松树的一部分幻想。这种树意味着"自然"，即使它是商业开发程度最高的树种。我们喜欢洗手间闻起来有松木的香气，松树油作为许多消毒剂的重要成分，目的不仅仅是掩盖某些更自然但难闻的气味。无论是添加了人工香料还是填充了新鲜针叶，松叶枕都能助眠，你几乎能嗅到北方松树林的潮湿和芳香，或者是炎热的地中海海湾气息，四周环绕着的松树将香味向下渗透进了海里。

生长在南欧的意大利石松颜色浓郁，姿态优雅，边缘松散，还能产出可食用的松子，这种松子出现在从意大利到地中海东部广大地区的菜谱中。真正的意大利青酱源自热那亚周边地区，那里出产最好的罗勒和松子。松子、橄榄油、佩科里诺干酪和帕尔马干酪混在一起捣碎，做成搭配意大利面和鱼类菜肴的缓缓流动的酱汁。烘焙过的松子会被撒在希腊和黎巴嫩沙拉以及风味菜肴上，而在托斯卡纳和土耳其，它们会被放进饼干、蛋糕和馅饼中一起烘烤。你甚至可以将松子压碎，再用水将粉末混匀，制成一款乳状鸡尾酒，肯定比很多其他的鸡尾酒更有营养。松树创造出有益身体健康的菜肴，以及烹饪这些菜肴的自然方式。而到处散落的巨大松球，被用于沙滩烧烤和散发香味的户外篝火。

观察松球也一向是预测天气的主要传统方法，因为它们会在气温升高时松弛，披着盔甲的紧闭拳头张开，变成一层层木质瓣片。现在气象学家们已经意识到，松树的针叶同样能泄露天机。当杀虫剂和污染物落在它们的绿色蜡质外衣上，会留下清晰的图案，如果在连续几个月的时间里将这些图案绘制下来，就能精确记录空气质量的渐变。这种吸收力和适应性都很强的树是真正的生存高手。1986 年发生切尔诺贝利核灾难之后，乌克兰的一些松树惊人地表现出了在被放射性物质污染的冬季里生存的能力，它们改变了自身DNA 以适应新出现的毒性环境，从而逐渐恢复生机。这种能力在进化过程中意义重大。更令人兴奋的是，人们最近发现松树宜人的气味会刺激空气中的微粒扩张，随着这些微粒上升，令气温降低的气溶胶效应就出现了。一片松林似乎可以创造出自己的云层，形成一面巨大的天然镜子，将一部分太阳光反射回平流层，远离过热的地球。当我们观察松树神秘的行事方式时，会发现这种树正在守护我们。

现在要知道这一切的含义还为时尚早，但松树长久以来乐于帮助和疗愈人心的品性正让它再次向人类伸出援手。作为辽阔的美国森林的桂冠诗人，约翰·缪尔相信，地球不会因为无法自愈而悲伤，而他自己崇敬松树的理由也令人信服。回到自然或许是永恒的幻想，但我们仍然可以从松树身上学到很多。

苹果树

　　苹果树是树木界的头一号，万事万物的开端都有它的存在。无论是追溯到伊甸园还是古希腊，西方文化都始于苹果。《创世纪》并没有说明智慧树的具体品种，但是对于我们的曾曾曾祖母夏娃而言，是什么如此令她愉悦，充满诱惑？文艺复兴时期的画家和诗人认为答案显而易见。在弥尔顿的想象中，撒旦化身的毒蛇缠绕着智慧树"长满青苔的树干"，"想要满足品尝那些漂亮苹果的强烈欲望"，而在丢勒、克拉纳赫、提香或鲁本斯那些引人入胜的画作中，苹果树笔直地矗立在第一个男人和第一个女人之间，悬挂着光滑、饱满、令人无法抵挡的球状果实。但是，为什么偏偏选择苹果树呢？

　　如果你在 9 月看到一棵成年的苹果树，枝条被新果的重量压得向下弯，果实表皮光滑，泛着新鲜的红晕，饱满圆润，带着浅浅的酒窝，从叶脉明显的绿色革质叶片中向外窥视，仿佛穿着一件光彩动人的低领礼服，你就可以开始猜答案了。而那些位置低矮的枝条让这种禁果如此触手可及。这是初始之树，也是诱惑之树，当亚当注意到夏娃的梨形身材时，被怪罪的就是这种树。在《所罗门之歌》中，苹果树是森林中最令人向往的树，是情人的爱巢和食品柜，而情人们的每一口呼吸都带着苹果的芳香。在希腊人看来，它是爱情与不和之树，因为在面对三位女神而她们都觉得金苹果应该属于自己时，帕里斯做出了艰难的选择，他认为它是爱神阿弗洛狄忒的。遭到拒绝的女神赫拉和雅典娜发动了复仇并迅速升级成一场吞噬一切的冲突，让帕里斯在灾难性的特洛伊战争中获得了特洛伊的海伦，但是失去了其他的一切。

●《亚当和夏娃》，卢卡斯·克拉纳赫 绘

　　苹果树同时滋养着爱情和仇恨，这一点你可以从果实的生长方式中看出来。一只长在树上的苹果，通常有一边胖乎乎的脸颊沐浴在夏末的阳光中，晒得红彤彤的，而另一边脸则抵在粗糙的树枝上，苍白泛绿。太阳起到催熟作用，为苹果的枝条赐福添喜。苹果既是太阳的亲密挚友，也是《毒树》的果实，这棵树能在充满被压抑的愤怒和嫉妒的心灵中迅速生长。这种结出完美的、大小适合手掌抓握的球形果实的树木，身上有一种东西会激起深刻的情感，我们很小的时候就从《白雪公主》的故事中知道了这一点。在亮晶晶的可爱的红色表皮之下，我们有时候会发现虫眼、蠼螋和完全烂掉的果核，并不是每一口咬下去都像它许诺的那样甘甜。

一只坠落的苹果似乎代表着生机勃勃的美丽就此终结，这是圆满的时刻，也是一切都失去了前途的时刻。然而事实上，一只坠落的苹果往往意味着开始。1665年，艾萨克·牛顿因为瘟疫暴发而抛下了自己在剑桥大学的研究，并回到林肯郡的家庭农场。在这个季节，果园里大量的苹果是常见的景致，但是在这一年，他用了全新的眼光来看待它。苹果为什么会落到地上？为什么不是飞到天上，或者在果园里横着到处乱飞？对于这位聪明的年轻数学家来说，那棵苹果树下平静的一小时带来了启示和变革。那是一棵智慧树，一次幸运的坠落，因为整个太阳系的运动模式忽然之间都在这个被风吹落的果子中暴露无遗了。

牛顿的苹果树长到了非常老的年纪，最终在1820年屈服于重力，轰然倒塌，但是这座果园保留了下来，成为这棵苹果树顽强生命力的纪念碑。倒下老树的一根枝条，如今也已经长成了粗壮的老树，每年秋天仍然结出许多红红的苹果。这个古老的品种名叫"肯特之花"，果实会在成熟过程中从绿色变成橙色，再变成红色。最初的那棵树遗存了一块小小的木头，现在被制成一只鼻烟壶陈列在庄园宅邸中，就像是某种神圣的遗物一样。而在附近格兰瑟姆的艾萨克·牛顿购物中心里有一个巨大的时钟，每逢整点打钟报时，一只红色的塑料苹果就会敲响大钟，吓到一头正在睡觉的狮子和毫无防备的游客。（在这家购物中心进行全面重建期间，这棵树的生存能力受到严峻考验，但是那头狮子、那个苹果和那个时钟依然还在。）

当由一只苹果和一片树叶构成的彩虹色商标成为第一批个人电脑的著名标记，将千兆字节的时代与伟大的牛顿科学革命联系起来时，苹果作为智慧树的地位得到了进一步巩固。这个标志还被解读为向阿兰·图灵的致敬，他是一位代码破译专家和计算机先驱，也是一名同性恋者，同性恋在当时的英国是非法的，他在1954年自杀与由此导致的过大压力有关。被发现时，他的尸体正躺在一个毒

●帕里斯决定金苹果属于阿弗洛狄忒

苹果旁边，这个苹果被咬了一口，就像白雪公主咬过的那个苹果一样。这个商标也可能和 20 世纪 60 年代的青年革命有关，因为当史蒂夫·乔布斯 13 岁的时候，他最喜欢的乐队成立了他们的苹果唱片公司。

披头士为企业界奉上了他们的"苹果公司"，让这只苹果成了青年文化的象征。流行音乐节目主持人非常喜欢这家以一只澳洲青苹为商标的公司推出的第一张唱片，因为《嘿，祖德》是当时最长的一支单曲，七分多钟的播放时间让他们能在"呐呐呐呐呐呐呐呐"的尾声结束之前抓紧时间喝一杯咖啡。这张唱片 B 面的歌是《革命》。披头士的歌迷们做好了耳目一新的准备，成群结队地涌入开在贝克街的苹果专卖店，结果发现自己买不起在那里出售的大多数东西，由此暴露出这种商业模式的缺陷。

在青春永恒的神话国度中，每个人都以苹果为食，至少古代凯尔特人是这么认为的。这种水果在神秘的阿瓦隆岛生长得十分茂盛，根据丁尼生的想象，那里"拥有深深的草甸，幸福、美丽，到处都是果园和草坪"，受了重伤奄奄一息的亚瑟王曾被送往这座天堂岛疗伤。在维京人看来，那些强大的男性精英众神也要依靠女神伊登可爱的苹果阻挡衰老和死亡。苹果树长期以来和青春的联系也许和它本身相对较短的寿命有关。与橡树或红豆杉不同，苹果树往往活不过 30 年，在它们生长缓慢的英国同胞们还没真正开始发力之前，它们自己就已经迅速生长然后倒下了。它们以快得惊人的速度衰老，变得容易感染不幸的病害，比如苹果腐烂病和黑星病。即便是一棵健康的树，也长着粗糙的棕色树皮，树枝以奇怪的角度伸展着，仿佛还没老就已经驼背了。这种树的所有优点似乎都汇聚在完美无瑕的红玫瑰色果实上。有些苹果树的确能活到 80 岁、100 岁或者更久，但是一旦这些老迈衰败的树停止结果并且开始掉落树枝，剩下的日子就不多了。

在 2002 年伊丽莎白女王即位五十周年庆典中，只有两棵老苹果树被林木委员会列入 50 棵"大英之树"的名单中，一棵是拥有重大历史意义的牛顿的苹果树，另一棵是位于诺丁汉郡绍斯韦尔的第一棵"绿宝"苹果树。虽然玛丽·安·布雷斯福德在拿破仑战争期间用一粒种子最先培育出了这种苹果树，但英国最受喜爱的可烹饪苹果却是以屠夫布拉姆利先生的名字命名的，他在维多利亚女王即位的那一年买下了玛丽的村舍花园，看到了第一批绿色苹果在枝条上膨大。这种苹果真正的潜力很快被梅里韦瑟一家发现，他们拥有当地的苗圃，很快从屠夫先生的树上采集插条并建起了一座果园。这些苹果的成功和它们的个头十分相称，它们的名字如今为人所熟知，这也证明了一棵苹果树可以通过多种不同的方式成为永恒。"绿宝"苹果的名声也无法保护那棵树的未来，它在几年后就倒在了地上。不过，从老树干上抽生的新根、枝条和一位更加热忱的主人，让它再一次享受了名利双收。

既然苹果树兴盛和倒下的速度都如此之快，我们也许会认为它们繁殖起来也很快。实际上，很少有苹果树是从种子长成的，因为苹果树作为杂合子，幼苗一般会和亲本大不相同。尽管玛丽·安·布雷斯福德获得了巨大的成功，但是用种子培育的树不太可能长成一棵健康的、能结果的成年树，这是我从自己在少年时代做过的一项园艺试验中发现的。以极大的热情种下一些苹果核之后，我看着它们先长成漂亮的小树苗，然后逐渐变得发育不良，扭曲变形，与其说是树，不如说是对树的拙劣模仿。的确有一棵活到了成年，但它绝不是我希望看到的挺拔直立、硕果累累的树。更有经验的种植者知道，繁殖苹果树的最佳方式是从健康的树上切下接穗，也就是很小的一段树枝，然后将其嫁接在砧木上。通过不同品种的杂交，不断地培育出苹果的新品种。属于保罗·巴尼特的那棵了不起的苹果树在 2013 年登上了新闻，因为它上面生长着 250 种不同的苹果，全部都嫁接在它好客的枝条上。这顶茂盛得令人震惊的树冠缀满了鲜艳的果实以及标明每个品种名称的长三角形小彩旗，重得几乎让树干承受不住，所以每根分枝都有一根棍子支撑着。于是，在这棵繁茂的苹果树下出现了一团奇特的、有棱有角的阴影。

苹果树绝不是英国文化中永恒不变的一部分，恰恰相反，苹果树一直在发生着这样或那样的变化。莎士比亚曾经享用过一种古老的带肋纹的苹果，名为"考斯塔德苹果"，然而等理查德·考克斯在1820年彻底放下自己的酿酒生意，开始在斯劳附近的庄园里专心栽培苹果时，这种考斯塔德苹果已经基本灭绝了。和大多数著名苹果树的命运一样，考克斯的第一棵"橙皮平"苹果树在1911年被吹倒，但与此同时，对这些美味的甜点苹果的需求已经巨大到让它有了许多繁茂生长的后代。不同苹果品种的陈列很可能像是一场家庭聚会，"斯特默·皮平"大概是"里布斯顿·皮平"苹果和一种无双苹果的杂交后代。

苹果种植不分贵贱，同时在村舍花园和大庄园里蓬勃发展。"布莱尼姆橙"这个品种虽然名字很高贵，但其实是牛津郡的一位劳工最先培育的。除了果园之外，你还能在别的什么地方见到"掷弹兵""德文郡公爵""兰伯恩勋爵""伯利勋爵""威尔士亲王""安妮·伊丽莎白""威廉·克伦普""威尔克斯牧师"和"澳洲青苹"（字面意思是"史密斯老奶奶"）亲亲热热地凑在一起呢？（不过英国果园里的"澳洲青苹"也许味道很酸，因为它需要澳大利亚的阳光变甜。）除了这些充满智慧的精心栽培，幸运的发现也一直存在，比如"贝丝·普尔"这个品种就是以一位客栈老板的女儿命名，有一天她在森林里发现了这棵树苗。苹果的历史充满艰苦奋斗和偶然事件，但也不乏某人在一棵不起眼的年幼苹果树上发现潜力的故事。苹果的品种名也充满了背后的故事，但是要当心，"亚当斯·皮尔曼"与全世界第一名园丁没有任何关系，它是以罗伯特·亚当斯先生的名字命名的。而且，如果你认为"牛顿奇迹"和艾萨克爵士有某种关系的话，就大错特错了，它最先由德比郡的国王牛顿栽培。

所以关于苹果树，其实并没有什么特别"自然"的东西。就连它们成熟的轮廓也常常是人造的。人们喜欢给苹果树整枝，好像只要有一点耐心，它们就能学会一两招似的。不过，还真说对了。被技艺纯熟的双手整枝之后，这些苹果树可以呈现出最令人吃惊的形状，比如金字塔、葡萄酒杯、V形臂章或孔雀尾巴。墙式苹果树的分枝像巨大的绿色跷跷板一样从中间向外伸展，这种整枝方式的名字来自"肩膀"这个单词，因为这些过大的枝条长到肩膀的高度时最需要支撑。整枝并不纯粹是为了追求新奇的形状，还让采摘变得更容易，确保果实生长得更均匀并被阳光充分照射，以实现全部着色。

苹果一直是一种基本的、价格可以承受的食物，无论是直接从树上摘下来生吃还是加入馅饼、泡芙、琥珀苹果派或意大利面点中烘烤。在英国，过去那些买不起炉子的人常常将苹果菜肴带到当地面包房去烹饪，这些菜肴需要做好标记，以免有人因为拿错而大动肝火。就连味道发苦的野苹果也是季节的馈赠，它们来自美丽的本土野生苹果树，可以做成果酱搭配三明治或者肉类菜肴。我小时候在 9 月末放学回家时，总是能闻到果酱的气味，我的母亲正忙着煮野苹果，将黏稠的暗粉色胶状物慢慢地从自制果酱过滤袋里挤出来。这个过滤袋的前身是一个旧枕头套，紧紧地绑在一把翻过来的曲木餐椅腿上，吊在半空中。苹果富含果胶，这是素食者最喜欢的凝胶剂来源，所以野苹果果浆很容易在罐子里凝固成半透明的日落色。苹果果胶还能帮助西梅、黑莓和绿番茄定形成果酱和酸辣酱。

催熟番茄的古老方法是将一只苹果放进一袋番茄里，这应该是很有效的，因为苹果天然地会释放一种植物激素——乙烯。然而，某些苹果品种对人类有相反的作用。一个珍稀的瑞士苹果品种的干细胞，如今已被用于刺激人类皮肤的生长和减少皱纹。研究人员还在探寻苹果预防某些癌症和血管疾病，以及抗老的功效。每天一个苹果也许会成为 21 世纪的处方药。拥有光滑的脸庞和没有病痛的身体，这个梦想就是青春永恒国度的现代版本，而苹果仍然挂在那里，启发我们进入天堂的新方法。当那些人将削下来的苹果皮从肩膀上方扔到身后，想要以此得知未来配偶的姓名首字母时，谁会想到这些苹果皮后来会被发现含有抗癌化学物质三萜烯化合物呢？

健康、维持生命的苹果也许看上去很英国化，但这种结出可食用果实的树是随着罗马人进入英国的，他们无论走到哪里都种植了甘甜的果园。苹果也是美国人身份认同的基础，不仅仅针对纽约人（纽约的绰号是"大苹果"。——译注）。传奇的"苹果籽约翰尼"将他的苗圃种遍东部各州，建构了强壮、健康、辛劳工作的美国典型农民的神话，对于充满母爱和苹果派的家庭来说，这是一个理想父亲的形象。然而通过追踪苹果的基因组，我们现在知道世界上所有被驯化苹果的祖先都是新疆野苹果，这是哈萨克斯坦的一个本土物种。哈萨克斯坦城市阿拉木图的意思是"苹果之城"，而生长在周围山坡上的古代野生果园可能很快就会被正式认定为世界遗产地。

如今，世界苹果地图一共标记了数千个品种，这张地图还记录了消费者趋势的变化。随着人们口味的变化，商业水果作物也会随之改变。如今在英国最受欢迎的苹果是来自新西兰的"嘎啦"，味道很甜。令人兴奋的果味起泡酒最近正在流行，推动了大规模的植树计划。我们也许会想到更传统的苹果酒酿造商，推着他们漂亮的榨汁机从一个果园走到另一个果园，将夏天的最后一点汁液挤压出来，而在汗味和成熟的苹果气味都很浓重的谷仓里，摘苹果的工人领取的报酬是苹果酒，这对他们加快工作节奏毫无帮助。相比之下，现代水果种植成为高度商业化且非常高效的机械化产业。2012 年，国际竞争导致欧盟出台了保护特殊地区性产品的新律，于是作为指定

●苹果籽约翰尼

产品的"赫里福德郡苹果酒"只能用当地产出的带有苦味的苹果汁酿造，例如"棕鼻子""布尔默的诺曼人""凿子泽西"或者"金斯顿黑"。这些品种不太可能和法国的酿酒苹果混淆，不过"布尔默的诺曼人"提醒我们，英国苹果和法国苹果拥有共同的血脉。

口味的变化和商业上的压力意味着很多古老的、名字饶有趣味的品种已经在英国消失得差不多了，不过如今人们正在努力保存传统果园。伦敦不太可能是苹果倡议的发起地，但是在1999年10月，这座城市举办了第一个"苹果日"。在令人兴奋的几个小时里，英国慈善组织"共同立场"重用了科芬园，该组织致力于恢复商品和自然界的联系，并强调地区特异性。"苹果日"旨在通过举办这样一个令人想起老英格兰和已经快要被遗忘的民间节日活动，提高人们对果园的爱护意识。这是水果种植者的节日，是为那些喜爱乡村生活图景的人，以及吃健康食物、渴望更亲近自然的人举办的。

"苹果日"是新时代的圣乔治日，来自所有政治派系和社会阶层的人每年都在这一天欢聚一堂，享用苹果派和苹果酒。丰富的苹果品种成为地区特色和共享精神的完美象征，所以这个节日如今在全国遍地开花，但具体日期因为当地品种和采摘时间不同而略有差异：在威尔士中部的赖厄德附近是9月中旬，在苏格兰边境是10月初。就连被砍倒的苹果树木屑也加入到节日中来，用于烹制苹果风味的烧烤。而那些对所有素食摊位以及强调自然健康、表面撒了苹果籽的"苹果奶酥"不那么感兴趣的人，会爱上用苹果木熏制的培根。如此大胆的传统创新也许会引来质疑的目光，但也会让人钦佩苹果种植商们敏锐的市场眼光，以及他们提醒现代消费者日常饮食从何而来的决心。

在孩子们的眼中，苹果已经和计算机产业密不可分了，但在这种与果树同名的电子产品的帮助下，他们能够看到克什米尔或者智利的苹果采摘工人，从而去思考超市架子上干净漂亮的六个装苹果中投入了多少劳动力。一只苹果与地球上不同地区的人们建立了直接联系。在南非的种族隔离政策结束之前，来自这个国家的"澳洲青苹"在欧洲的很多地方并不受欢迎。不过有一个永恒的问题是，对于那些在果园里工作的人而言，抵制水果的行为到底是在帮助他们还是在损害他们的利益？从非电子产品的苹果中，仍然可以学到很多东西。在一棵苹果树下停留一小时，不仅播撒了农民和园丁的种子，还在培养将来的植物学家、化学家、物理学家、艺术家、经济学家、政治学家或商业巨头。

当你在一座真正的果园里看到生长的苹果时，就不难理解这种放在冰箱里的水果了。只需要轻轻扭动一下，就能判断一个苹果什么时候可以采摘。如果它已经熟了，果梗会自动松开，让苹果从树上脱离下来，被你稳稳握在掌中；如果没有在合适的时候采摘，苹果就会像板球一样倾泻而下，并在落地时砸出瘀伤。它们常常会隐藏在长长的草丛里，静静地等待着，直到有人感受到脚下踩碎了一团棕色的黏糊糊的东西。这些树提供了探索自然的方式，还能与我们的所有感官对话。我们可以触摸粗糙的树皮，闻到成熟果实的气味，倾听蜜蜂嗡嗡作响或者啄木鸟在枯枝上敲打的鼓点。古老的果园是某些最稀有、最漂亮的物种的天堂，虽然大冠蝶螋或者金龟子可能隐藏在看不见的地方，但是一只小小的棕色旋木雀可能正在树干上慢慢地爬上爬下。在 9 月的某个被月光照亮的夜晚，甚至还能看到一只獾弓着浅色的背正在吃掉落的果子，或者一只狐狸伸出长长的、优雅的嘴巴，去咬较低树枝上的果实。

当然，苹果树的魅力不只出现在秋天。在凡·高眼中，重要的是苹果花，最其貌不扬的畸形树枝突然变美，意味着创造力。颜色浅淡、像羽绒一样轻盈的花瓣骤然开放，美丽得令人窒息，能够为最粗糙多瘤的老树披上光辉灿烂的云霞。稍早之前，当黎明开始降临时，你似乎能看见这些树打起哈欠，伸展躯体，摇醒一根根小枝。

树上的芽一开始好像有点不确定，但它们不顾霜冻挥之不去的威胁，渐渐地点亮了每一根枝条，就像一个睡眼蒙眬的微笑绽放成一个灿烂却坚定的笑容。这种换季的骚动被呈现在凡·高的《苹果花》中，在明亮的碧绿天光下，蝴蝶般的花朵仿佛在和扭曲的小枝一起翩翩起舞。

卡米耶·毕沙罗（Camille Pissarro）一次又一次地描绘皮卡第的苹果树，无论是春天的灿烂换装、夏天的郁郁葱葱，还是冬天赤裸裸的剪影，都让他深感敬畏。春天棉衬衫般的雪白与秋天温暖而斑驳的杏黄和深黄一样有气氛。毕沙罗那以苹果为中心的世界是一首忙碌中的田园牧歌，重点是弯曲的树枝和沉重的独轮车。但在法兰西岛大区周围的田野中，这些非常独特的果树是真正的地域特征。

当英国战地画家保罗·纳什在 1917 年抵达法国北部时，景色完全不一样了。他在壕沟里给妻子写信，描述一座法国村庄被战火摧残之后的样子，"在鲜艳的树木和剩下的果园里，到处都是成堆的砖块、被掀翻的屋顶和只剩下一半的房子"。纳什描绘了被破坏的果园，在惊人的画面中，树冠被炸飞，树干的轮廓好像玻璃碎片，苹果树变成了黑暗、扭曲的形象，无助地伸向太阳。他笔下这些情感充沛的画作最有力地表现了"一战"造成的绝对恐惧，并且有赖于人们对苹果树真正意义深刻的共同理解。这是一种本应在法国、英国和德国安静生长的树，让这些地方的新一代年轻人采摘、吃掉或者喝掉它们的果实，就像他们的父亲和祖父一样。苹果树是生命之树，但它也是智慧树，令人辨明善恶，结出人类无法抵挡、不计后果去占有的果实。被毁的果园展示了那些幸存下来的震弹症患者无法言说的东西。在这丑陋、荒芜的废墟中，还能有什么新的开始？

尽管如此，世间仍然存在着一种重获天堂、重新开始的深刻而永恒的欲望。迪兰·托马斯（Dylan Thomas）出生于 1914 年战

●《果园》，保罗·纳什 绘，1917年

争刚刚爆发之后，但回顾自己的少年时代时，他记得自己在"苹果树下，年少悠哉"地度过了田园诗般的童年，"心中快乐悠长"。在这里，苹果树没有受到责备，它在逝去青春的永恒光辉中闪耀。当这位诗人在1945年写下这首诗，留恋地回顾自己成为"苹果镇王子"的早年时光，他已经清楚地意识了时间的锁链。《罗茜与苹果酒》是劳里·李（Laurie Lee）20 世纪 20 年代在科茨沃尔德那段童年时光的回忆录，书名来自他第一次品尝苹果酒的体验："那些山谷、那段时光的泛着金色火光的汁液，这酒的滋味来自野果园，来自红褐色的夏天，来自饱满的红苹果，还有罗茜滚烫的脸颊。"这是一段生动的个人记录，不仅有童年，还有在天堂生长的醉人的苹果。战后出生的人依然展示着对伊甸园、对重获青春与纯真的相同冲动，不管有多大胜算，不管付出多大代价，不管四周是怎样的废墟，都要重新开始。

1939 年，战争再次撼动了欧洲，但在枪声和空袭警报中，人们继续静悄悄地种植果树，收获果实。艾德里安·贝尔（Adrian Bell）的《一英亩的苹果》记录了闪电战中萨福克郡的一座小农场，也证明了苹果充满抵抗力、永葆青春。随着战时配给制的实施，自家种植的水果变得对生存至关重要，而能够维持生命的苹果也拥有了特别的价值。当英国人被困在冰雪中、徘徊在未知的地狱边境，从储存箱里取出的苹果会比它们刚装进去时更红更艳。这些闪亮的果实令人想起盛夏时光，也预示着日子将会好起来。苹果树意味着起点、童年和伊甸园，但也意味着启蒙、经历和未来。如果说苹果树常常因为人类的不幸而遭到责备，那么这种树还拥有继续生长并让我们重新开始的非凡能力。